宋勤宇 著

产品个性化定制
生产协同决策研究

知识产权出版社
全国百佳图书出版单位
— 北京 —

图书在版编目（CIP）数据

产品个性化定制生产协同决策研究 / 宋勤宇著. —北京 ：知识产权出版社，2025.1.
ISBN 978-7-5130-9662-1

Ⅰ. TB472

中国国家版本馆 CIP 数据核字第 2024MC1445 号

内容简介

本书深入探讨了企业如何通过实施个性化定制策略有效应对消费者日益增长的多样化需求，内容覆盖从单一平台设计到模块化、多平台模块化设计，详细解析了如何通过组件共享与外包策略提高生产效率与产品多样性。本书创新性地引入不确定理论，构建了灵活的产品配置模型，为企业解决规模经济与高度定制需求之间的矛盾提供了全新的视角和解决方案。通过阅读本书，读者能够了解低成本实现产品多样化的方法，帮助提升企业的市场竞争力，实现可持续发展。

本书适合个性化定制的供应链管理者及相关科研人员阅读。

责任编辑：张雪梅　　　　　　　　责任印制：孙婷婷

封面设计：曹　来

产品个性化定制生产协同决策研究

CHANPIN GEXINGHUA DINGZHI SHENGCHAN XIETONG JUECE YANJIU

宋勤宇　著

出版发行：知识产权出版社有限责任公司	网　　址：http://www.ipph.cn
		http://www.laichushu.com
电　　话：010 - 82004826	邮　　编：100081
社　　址：北京市海淀区气象路 50 号院	责编邮箱：laichushu@cnipr.com
责编电话：010 - 82000860 转 8171	
发行电话：010 - 82000860 转 8101	发行传真：010 - 82000893
印　　刷：北京中献拓方科技发展有限公司	经　　销：新华书店、各大网上书店及相关专业书店
开　　本：720mm×1000mm　1/16	印　　张：6.5
版　　次：2025 年 1 月第 1 版	印　　次：2025 年 1 月第 1 次印刷
字　　数：110 千字	定　　价：59.00 元
ISBN 978-7-5130-9662-1	

前　　言

在当今这个快速变化的时代，消费者需求的多样化和个性化已成为不可逆转的趋势。企业如何在激烈的市场竞争中保持领先地位，满足并超越消费者的期望，成为每一个企业管理者必须面对的重要课题。本书正是在这一背景下应运而生，旨在为企业提供系统性的框架和实用的策略，以应对个性化定制生产中的挑战，实现产品多样化与生产效率的双赢。

本书探讨了产品个性化定制与生产决策中的三种策略：单平台设计、模块化平台设计及多平台模块化设计。第1章主要介绍研究背景、研究意义、研究思路与方法、研究内容及技术路线。第2章为国内外研究概况。第3章分析单平台策略的优缺点，并提出组件共享策略，以平衡产品组件的通用性和差异性，确保高水平的消费者效用。第4章则聚焦于模块化平台设计，构建基于不确定响应时间的产品配置模型，并探讨外包策略在解决响应时间不确定造成的利润损失中的应用。第5章结合平台策略与模块化策略，提出多平台模块化策略，并引入标准化和冗余策略，帮助制造商更加灵活地配置产品生产。

本书不仅包含丰富的理论知识，还提供了较多数值分析案例，为企业提供了可操作的解决方案。本书内容涵盖从单平台设计到模块化、多平台模块化设计，以及通过组件共享与外包策略优化生产效率与产品多样性。此外，本书还创新性地引入了不确定理论，构建了灵活的产品配置模型，为企业解决规模经济与高度定制需求之间的矛盾提供了全新的视角。

在此，特别感谢国家自然科学基金青年项目（项目编号：72301063）和上海市哲学社会科学规划项目（项目编号：2022EGL007）基金的资助，正是有了这些项目的支持，本书才得以顺利出版。

衷心希望本书能够成为企业探索个性化定制生产之路的有益助力，为企业发展注入新的活力与灵感。

目　　录

第1章 绪　　论

1.1　研　究　背　景

当今时代，由于全球竞争日益加剧，企业正面临着各种各样的挑战，如日益增长的客户需求、更短的产品生命周期及不断增加的生产成本（Agrawal et al.，2013）。随着消费者追求个性化、定制化产品的需求日益增加，企业开发的产品必须多样化。提供多样化产品有助于制造商扩大目标消费群体并保持其产品的竞争力。为了吸引更多的客户，赢得更多的市场份额并增加销量，企业逐渐将其生产模式从大规模生产转变为个性化定制（Agrawal et al.，2013）。目前，个性化定制这一生产范式在制造领域得到了广泛的应用。

在传统制造领域，2018 年，我国工业和信息化部消费品工业司提出，我国将加快制定服装行业包括 3D 设计、柔性制造等在内的个性化定制相关标准，推动服装行业加快向个性化定制和智能制造方向的转变（金鹏 等，2020）。2013 年，青岛红领集团有限公司耗资 2.6 亿元人民币成功研发了红领个性化定制平台系统，该系统基于大数据，利用计算机辅助建立人机结合的柔性定制生产线，可高效、快速地实现个性化定制服装的生产。2014 年，红领集团实现销售利润 100％ 的同比增长，成为传统制造向智能制造转型的成功案例（吴义爽 等，2016）。此外，2017 年 10 月，恩瓦德控股有限公司推出智能剪裁（KASHIYAMA the Smart Tailor）新兴业务模式，利用信息与通信技术搭建柔性生产系统，适应个性化定制的需求。合肥长安汽车有限公司通过实行"混流共线"建立了柔性化、定制化的生产平台，并加快信息网络建设，使规模定制更有竞争力。2019 年 11 月 7 日，海尔集团的卡奥斯 COSMOPlat 以用户体验为中心提出的个性化定制模式正式获得 ISO 国际标准立项。目前，COSMOPlat 作为智能制造和个性化定制解决方案综合服务商，在纺织、家电、医疗等多个领域提供包括生产制造、仓储物流和运营管理等在内的多种服务。

个性化定制的关键问题之一是确定向客户提供的产品类型和数量。定制并不意味着在没有任何约束的情况下满足客户的所有要求。制造商不仅要控制生产成本和制造活动，还应限制客户要求。换句话说，定制并不是指满足客户的所有需求，而是由制造商控制定制的范围，确定生产哪些类型的产品，以使生产平台可以高效地运行。为了在合理的范围内满足客户偏好和客户提出的需求，制造商需要在客户信息收集模型中对不同的选项进行权衡。一方面，制造商应该对客户的偏好有深入的了解，这可以帮助制造商调整他们的产品系列配置；另一方面，制造商应在合理范围内尊重客户的喜好。

在个性化定制的背景下，越来越多的企业开始对产品平台策略给予高度关注。平台策略的优势是可以利用规模经济降低生产成本，从而以较为低廉的价格满足不同客户的需求（Agrawal et al.，2013；Ulrich，1995）。当制造商计划开发新产品时，通常会将现有的消费群体根据其购买力和消费特征分为不同的细分市场。制造商通过市场调研收集不同细分市场的消费需求，设计开发一个产品系列，以满足不同市场的不同需求（Suryakant et al.，2015）。制造商利用平台策略，将一个产品系列中的不同产品使用的相同组件在平台上一起生产，大大提高了生产效率，从而弥补了产品多样化带来的规模经济的损失。

图 1.1 所示为个性化定制产生的背景及当前个性化定制中的主要策略。

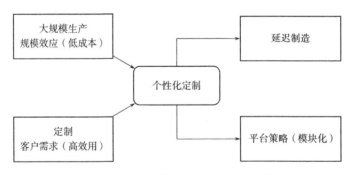

图 1.1　个性化定制产生的背景及主要策略

1.2　研　究　意　义

本书拟通过建立个性化定制环境下单平台产品配置模型、模块化产品配置模型、多平台模块化产品配置模型解决企业经营中面临的生产决策、组装拆卸等问题。在考虑企业利润最大化或者成本最小化的基础之上，本书将通过构建一系列模型解决不确定环境下的产品配置问题，使每件产品的组件配置相对合理化，以提高消费者的满意度，从而促进整个供应链的健康、稳定发展。

本书着重关注应该在产品平台上选择哪个级别的组件，即产品配置问题。辛普森等（Simpson，2004）强调，构建平台的主要目标是选择一个可以开发新变体的通用结构。借鉴前人的研究工作，本书主要解决应该在整个产品系列中共享哪些组件等问题。本书认为，找到一组通用组件比找到想要共享的多个组件更重要。

因此，本书的研究目的主要集中在下列三个方面：

1）提出不确定环境下的平台设计模型，包括单平台产品配置模型、模块化产品配置模型及多平台模块化产品配置模型，运用运筹学优化理论和算法等得到最优产品配置。

2）通过研究不确定环境下的产品平台设计问题，为制造商提供在缺乏历史数据的情况下产品最优配置的建议。

3）围绕产品配置问题，探讨不确定因素，如客户响应时间、需求和规模经济等对制造商利润的影响，以及组件共享策略、外包策略、标准化和冗余策略对产品配置和相关成本及利润的影响。

1.2.1　理论意义

1）本书拟解决不确定环境下的个性化定制中产品平台策略选择问题，为不确定环境下的产品平台模型提供新的参考。本书关注如何在客户需求、规模效应等参数存在不确定性的情况下优化产品平台，扩展了不确定理论在产品平台设计方向的相关应用。

2）本书拟扩展产品平台策略的相关理论，将组件共享策略、外包策略、标准化和冗余策略与产品平台策略结合，优化产品配置方案，丰富产品平台策略与其他策略相结合的研究。

3）本书拓展了能成功实现个性化定制的相关策略，如提出多平台模块化策略等。

1.2.2　实践意义

1）本书对不确定环境下的产品平台设计与生产决策具有一定的现实指导意义。通过构建单平台、模块化组件和多平台模块化，为产品最优配置提供建议。

2）在缺乏历史数据的情况下，本书对产品设计有一定的参考价值，可为制造商是否使用组件共享策略、外包策略及标准化和冗余策略提供指导。

3）本书有助于更好地理解不确定理论在产品平台设计中的应用，通过与传统的确定环境下产品制造平台进行比较，能够帮助制造商在不确定环境下决策产品生产配置策略。

1.3　研究思路与研究方法

1.3.1　研究思路

本书首先梳理了国内外现有的文献，然后在假定产品的需求数量、响应时间及规模经济均不确定的情况下，考虑到客户需求、产品性能、组装要求和装配拆卸顺序等因素，对个性化定制中的产品结构、产品组件性能及响应时间等若干问题进行了研究，具体研究思路如下：

1）从个性化定制和平台策略的相关文献入手，梳理基于模型和算法的面向个性化定制的平台策略研究，并将本书范围扩展到不确定环境、仓储问题和顾客响应时间等几个方面。通过分析国内外个性化定制下产品平台设计和生产决策的相关文献，本书发现，目前对于个性化定制的研究主要集中于两种情况：第一种是大多数研究基于确定环境下的产品平台配置；第二种是大多数研究假设产品配置必须严格满足顾客需求。本书将着重放松这两种严格假设，为制造商更加灵活地生产制造产品提供帮助和指导。

2）建立不确定环境下产品平台设计与生产决策模型。基于对国内外相关文献的分析，本书整理总结出目前个性化定制模型中存在的不足，并结合现实情况中出现的问题，如仓储问题、参数的不确定性、外包策略的兴起及快速响应顾客需求等，设计出不确定环境下面向个性化定制的产品平台优化模型。由于不确定的模型是无法得出最优解的，所以，利用不确定理论，本书将把不确定模型转化为确定性等价类。

3）在将不确定模型转化为确定型模型后，根据模型的特性，利用合适的算法求解，并设计实验探讨模型与算法的稳健性和有效性。通过案例研究和数值实验，讨论模型蕴含的管理学理念。

1.3.2　研究方法

本书运用个性化定制、供应链管理、产品配置、产品平台设计与模块化等理论和方法，在考虑制造商利润最大化或者成本最小化及客户效用的基础之上，通过运筹学和目标规划等方法，对数学模型进行分析求解，并借助优化理论和CPLEX 商业软件进行数值模拟。具体研究方法如下：

1）文献研究和理论分析。在供应链管理、个性化定制和产品配置等理论的指导下，广泛研究国内外相关文献，建立不确定环境下产品平台设计与生产决策优化的研究框架。

2）应用不确定理论。本书中的不确定环境是指缺乏历史数据的环境。在这种不确定环境下，本书利用不确定理论将不确定模型转化为确定性等价类进行求解分析。

3）案例研究和数值模拟。在将模型转化之后，采用数值模拟和案例研究的方法进行仿真模拟和分析，并研究相关参数对产品配置和制造商决策的影响。通过案例研究和数值模拟，辅以图表的形式，对模型的结论及参数波动对结果的影响进行更直观的展示。

1.4　研究内容及技术路线

1.4.1　研究内容

本书综合应用运筹学、目标规划、不确定理论等研究方法，对不确定环境下的产品平台设计和生产决策优化问题进行理论分析和建模研究。

第 1 章：绪论。本章主要介绍个性化定制下的产品平台设计研究的背景及意义、相关研究思路与方法及本书主要研究内容、技术路线和创新点。

第 2 章：国内外研究概况。本章主要探讨个性化定制及个性化定制下的主流策略，即单平台策略、多平台策略和模块化策略等，并且总结了产品平台策略的发展历程和不确定环境下产品平台策略的相关研究等。

第 3 章：考虑组件共享的产品单平台设计与生产决策优化。本章探讨了基础的产品单平台策略，即制造商设计一个适用于所有产品的通用平台。通过构建考虑组件共享策略的不确定模型，本章设计了四种模型寻找最优产品性能和最大利润，并通过数值分析验证了模型的可行性和有效性。

第 4 章：考虑外包策略的产品模块化设计与生产决策优化。在单平台策略的基础上，本章进一步探讨了模块化平台设计。针对缩短客户响应时间以提高市场占有率的问题，本章提出了外包策略以弥补模块化策略的不足。通过数值模拟和案例研究，本章分析了不确定的响应时间和外包策略之间的关系。

第5章：考虑标准化与冗余策略的产品多平台模块化设计与生产决策优化。为了提高制造商的生产灵活性，本章引入了标准化和冗余策略。通过预先定义客户需求和初步构建产品装配顺序，模型采用模块化多平台组装方法增加个性化定制中的产品多样性。本章给出了最佳平台数量和产品最优配置的建议，并确定了最终的定制产品规格。

第6章：结论与展望。本章对全书的研究进行总结，指出研究中的不足和局限，并根据当前的研究热点和发展趋势提出了未来的研究方向。

1.4.2 技术路线

本书根据现实情况构建模型，采用模型理论与数值模拟相结合的方式，使研究结论更加严谨。

本书研究的技术路线如图1.2所示。

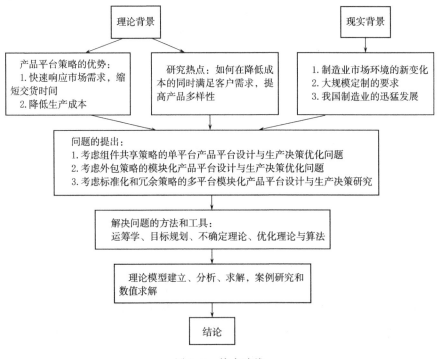

图1.2 技术路线

1.5　主要创新点

本书聚焦于不确定环境下的产品平台设计与生产决策研究，其特色和创新之处体现在以下几个方面：

1）采用不确定理论描述企业生产经营中存在的不确定因素。大多数现有的产品配置研究都集中在确定环境下的产品配置问题上，假设客户需求、交付时间等配置参数是固定和预先确定的，尚未充分考虑产品配置中不确定因素的影响。实际上，产品配置在高度不确定的环境中运行。例如，由于设计复杂性、交通条件、资源限制等原因，从接收客户需求到交货的交付时间是不确定的。产品配置的不确定性会对交付周期和客户需求产生不利影响。当前，确定环境下的产品配置模型无法很好地处理上述这些问题，因为当不确定事件发生时，确定环境下的最优配置将变得无效。因此，制造商面临的一大挑战是应对产品配置中存在的不确定性。

2）将产品单平台策略和组件共享策略结合。产品单平台策略和组件共享策略均是解决个性化定制中存在的矛盾的有效策略，但是现有的研究大多是单独研究这两个策略对制造商利润的影响，很少有研究将这两个策略结合或者进行对比。本书拟对比分析（i）没有组件共享的单平台，（ii）仅组件共享而无平台，（iii）使用平台和组件共享开发产品，或者（iv）独立开发产品，以这四种方法通过最大化制造商利润优化设计产品系列。本书将这四种模型应用于数据集，分析各种参数对结果的影响。这四种模型可用于开发没有样品的新产品系列。在这种情况下，制造商可以使用不确定理论估计数据集和参数的分布。制造商在获得相关参数的范围后可以轻松选择最佳方法开发最有利可图的产品系列。

3）在模型中考虑外包策略及客户响应时间等。产品平台的设计和生产决策与库存、外包策略及客户响应时间等息息相关。本书考虑这些外部因素和策略，将其纳入模型，从而使理论更加贴合现实。

4）将标准化和冗余策略运用于产品配置和产品平台策略的研究中。本书同时考虑组装拆卸等问题及客户响应时间等，为制造商灵活配置产品提供建议。

第2章 国内外研究概况

本章通过梳理国内外相关文献，总结并回顾前人对个性化定制、产品配置中的单平台策略、多平台策略、模块化策略及不确定理论等领域的研究。

2.1 个性化定制

自 20 世纪 80 年代后期以来，个性化定制的理论分析和实践运用得到了研究人员和从业人员的广泛关注。个性化定制是利用灵活的制造系统开发具有大规模生产特质的各种产品（Khalaf et al.，2011）。它是当前一种主流的生产模式，其目的是在接近大规模生产效率的大型市场中提供各种个性化定制产品和服务。这种模式试图将手工定制的好处与大规模生产结合起来，在竞争激烈的市场中为客户提供多元化的产品。个性化定制已经成为企业生产经营中必须考虑的因素（Chen et al.，2009）。此外，信息技术、灵活制造系统和快速原型制造等技术的革命性进步促使生产范式从大规模生产转变为个性化定制（Niblock，1993；Agrawal et al.，2013；孟庆良 等，2015）。满足客户个性化需求的个性化定制已成为当今主流的生产模式（Jin et al.，2020）。

目前，个性化定制研究的重点正从战略可行性转向运营可行性。许多制造商已成功实施个性化定制策略，这帮助他们在激烈的竞争中脱颖而出，获得丰厚的利润，扩大市场份额。许多客户更喜欢个性化产品和服务，而不是批量生产的同质化产品（Hessman，2014），因为与他人不同的愿望源于人们的自然需求（Schneider，1980）。个性化定制可以帮助制造商设计多样化的产品，使客户享受与众不同的感觉（Tran et al.，2011；Fredberg et al.，2011）。成功实行个性化定制的一个最好的例子是戴尔公司（Dell Computers）（Selladurai，2004；Dignan，2002；Duray，2002）。互联网的普及为消费者提供了在线订购定制计算机的机会。戴尔抓住这一机遇，提供各种特定的硬件和软件，如不同大小的内存、处理器和硬盘等，供客户选择（Selladurai，2004）。这种个性化定制模式有助于戴尔利用高质量和低成本的定制系统（费用率 9.9%，远低于其竞争对手康柏的

19％和捷威的 27％）占据巨大的市场份额，获得丰厚的利润（Dignan，2002）。

个性化定制还促使制造商实现多个竞争优先级，如大批量生产、规模经济（低成本）、快速响应和高定制质量等（Lai et al.，2012；Liu，2012；Kortmann et al.，2016）。实际上，现有研究已经证明个性化定制的实施有效地改善了企业和产品的表现，如客户对产品的满意度（Liu，2012）、企业运营绩效（Kortmann et al.，2016）和管理绩效（Zhang et al.，2015）等。

郑湃等（Zheng et al.，2017）通过一个简单的例子验证了如果全部满足消费者的需求（定制生产），或者只生产单个产品（大规模生产），这两种情况的利润都远低于个性化定制带来的利润。一方面，在现实世界中，制造商不可能为市场上所有潜在买家提供所需要的产品或服务，因为生产成本会很高。另一方面，客户通常不会为他想要的东西支付相对极高的费用。在大多数情况下，客户会愿意放弃部分产品功能或服务以换取较低的价格。换句话说，制造商应考虑客户的支付意愿，决定产品功能和每种产品的性能。郑湃等（Zheng et al.，2017）的实验结果表明，与其他可能的解决方案相比，个性化定制可以帮助制造商获得更高的利润。

但是，过量的个性化定制（多样化的产品）增加了生产成本，并且对规模经济具有不利影响。因此，个性化定制的关键问题是解决规模经济与定制需求之间的矛盾。个性化定制的目标是利用批量生产效率配置多样化的产品系列，从而满足客户需求（Niblock，1993）。

因此，产品定制和规模经济之间的权衡促使企业使用平台策略，以补偿产品定制带来的不利影响，以更灵活的方式构建产品开发流程。

2.2　产品平台策略

2.2.1　产品平台的设计方法

第一个成功应用产品平台策略的商业软件是 XCON，它是在 19 世纪 80 年代构建的基于规则的系统（Barker et al.，1989）。XCON 包含 10 000 多个规则，每年要更新 40％的内容，并且需要一支高度专业的专家和工程师团队维护知识库。另外，技术团队需要开展大量的工作开发配置知识库。这些工作包括了解与组装拆卸、端口配置和组件装配顺序等有关的业务或技术知识，并提供客户所需的功能（Felfernig，2007；Jannach et al.，2013）。由于频繁的更新和高昂的维护成本，这个系统的开发被证明具有巨大的挑战性（Jannach et al.，2013；Mailharro，1998）。

为了解决上述问题，米塔尔等（Mittal et al.，1989）提出了用于配置任务的通用组件端口模型。该模型受关键组件和功能体系结构的限制，将每个组件描述为一组预先定义的属性和端口，这些组件可以在某些约束下与其他组件连接。目前，该通用模型作为研究和实践的基础仍然占主导地位。随后，沙菲等（Shafiee et al.，2018）提出了产品配置的四步式知识管理框架；赫瓦姆等（Hvam et al.，2019）提出了制造商实行产品平台策略的六个主要挑战，并指明在配置产品时每个阶段的特定挑战。

从定义的角度来看，许多学者在产品平台策略中使用典型的信息建模表示组件和模块之间的层次结构（Yang et al.，2018）。例如，为了共享和重用配置知识，索伊尼宁等（Soininen et al.，1998）提出了一种通用的配置本体方法（ontology of configuration，OWL）。OWL 结合了基于结构、资源和功能的方法或者基于连接的建模方式来表示知识配置库。后来，费尔费尼格等（Felfernig，2007）提出了另一种方法，即统一建模语言（unified modelling language，UML），该方法能够表示特定域的行为。上述两种方法可以帮助企业更好地理解产品配置规则，并且可以将产品配置规则描述为类似 if-else-like 的形式或一阶谓词逻辑。

此外，一些研究人员专注于产品知识配置的结构，从而可以定义组件及其关系（端口），如描述逻辑（Felfernig et al.，2003）和概念建模（Mc Guinness et al.，1998；Peltonen et al.，1998；Felfernig et al.，2003）。随后，有些学者运用一系列方法，如约束满足问题（constraint satisfaction problem，CSP）（Jannach et al.，2013；Yang et al.，2012；Pitiot et al.，2020）的求解技术、基于规则的推理及基于案例的推理等，推导并解析输入数据中蕴含的产品配置与客户的实际需求。例如，有学者（Hong et al.，2008）根据产品成本和客户需求求解出最佳产品配置及其参数。他们将不同产品配置的评估指标转换为具有非线性关系的可比较的客户满意度指数。后来，他们改变了衡量客户需求的方式，提出了一种以客户为中心的产品建模方案。通过利用数据挖掘技术，将单件生产（one-of-a-kind production，OKP）产品和客户需求分组为产品模式和客户模式，并研究它们之间的关系。其他研究还使用基于图的物料清单、基于案例的推理（Tseng et al.，2005）

或动态约束（Yang et al.，2012）获得满足客户需求的最佳产品配置。一些研究还集成了原料供应、生产配置、销售和评价信息等加速产品定制过程（Zhang et al.，2020；程德通 等，2017）。但是，上述几乎所有研究都默认假设产品要完全满足客户要求。放宽此假设的研究仍处于起步阶段。本书通过放松此假设帮助企业通过灵活制造实现最优产品配置。

在产品模块化设计中，不同学者从不同角度关注优化问题，并提出了许多设计平台的优化方向，如最大化净现值（Li et al.，2002）、最小化设计复杂度和时间（Krishnan et al.，2001；Simpson，2004）、基于客户订单分离点（customer order decoupling point，CODP）的上下游企业最大化利润（王玉，2014；黎继子等，2018）等。斯科德等（Sköld et al.，2012）关注如何最大限度地减少大规模生产的总成本。法雷尔等（Farrell et al.，2003）提出了客户需求模型，旨在最大化客户满意度，并缩短将产品投放市场的响应时间。考虑到客户的需求和重置成本，苏里亚坎特等（Suryakant et al.，2015）提出了跨代多变性指数（generational variety index，GVI）来衡量客户的变化需求。

2.2.2　产品平台的优化方法

在优化方法中，除了克里希南等（Krishnan et al.，2001）以两种产品为背景通过构建简单模型求出解析解外，其余绝大多数文献在讨论该问题时都采用了智能算法或者启发式算法。其中，遗传算法作为当今使用最多的智能算法之一，被广泛应用于平台策略问题的解决。一些学者通过一个通用指数将规模效应与产品差异相联系，从而量化产品配置，并提出了一种改进的遗传算法来求解该多目标优化问题。有学者（Chen et al.，2008）提出了 2 级染色体结构遗传算法（2LCGA），用于同时确定产品平台和相应的最佳产品系列。本-阿里耶等（Ben-Arieh et al.，2009）将该问题标准化为一个混合整数规划模型，并提出了一种基于遗传算法的方案制定和演化策略来求解该模型。朱佳栋等（2018）基于产品配置的环境设计出改进的交互式遗传算法。部分学者也利用模拟退火、禁忌搜索等算法来研究平台策略。苏里亚坎特等（Suryakant et al.，2015）采用模拟 DNA 计算来解决平台配置中代数变化的问题，并发现利用先验知识的算法比遗传算法更有效。奥利瓦雷斯等（Olivares et al.，2008）提出了基于模拟退火和禁忌搜索的元启发式方法。

2.2.3 工业4.0下的产品平台

产品平台策略当前正面临工业4.0的新时代。第四次工业革命有望带来更加灵活的产品制造，以及更高的质量和生产效率（Zhong et al.，2017）。它利用大规模个性化定制中的新数据驱动制造，深刻改变了产品配置和平台策略。大规模个性化是以客户为导向且以数据为驱动力的概念，其具有接近批量生产的效率（Aheleroff et al.，2019）。个性化定制和大规模个性化之间的主要区别在于客户参与度。在个性化定制中，客户参与了各自细分市场的先前市场调研，而在大规模个性化中，客户不仅参与先前市场调研，还参与联合设计过程（Aheleroff et al.，2019）。

为了在产品平台策略中实现可承受的大规模个性化，工业4.0提供了合适的技术，如物联网（IoT）、云计算、信息物理系统（CPS）和大数据分析等（周文辉 等，2018）。这些技术可帮助产品平台策略应对个性化产品增加、交货时间缩短和成本降低的挑战（Zhong et al.，2017；魏巍 等，2020），并优化资源配置（李雪 等，2021）和提供智能服务（张卫 等，2019）。例如，物联网提供了对象到对象的通信（Wang et al.，2017；Xia et al.，2012），借助实时数据驱动，可以捕获实时制造信息（Zhang et al.，2015），通过减少整个过程中的用户干扰缩短生产时间（Kiangala et al.，2019），并促进利益相关者之间的有效合作（Yang et al.，2017）。

工业4.0还极大地促进了产品制造中系统配置的集成。例如，通过使用CPS，科恩等（Cohen et al.，2017）提出了一种具有预测性和自动化决策过程的智能装配系统，该系统能够进行自我重新配置。有学者（Lee et al.，2019）基于CPS和IoT技术开发了一种快速响应的生产配置模型，旨在最大限度地提高客户满意度。林斯等（Lins et al.，2020）提出了从旧设备到信息物理系统（cyber-physical systems，CPS）的标准化转换过程。本书也将工业4.0相关技术应用于产品平台策略。

2.3　产品配置中的策略

目前，许多学者提出了多种策略解决个性化定制过程中成本过高的问题，如延迟制造、平台策略、组件共享等。平台策略是指可以在整个产品系列中共享的资产的集合（Robertson et al.，1998）。其中，资产包含共同的组件、流程、知识、人员和关系等（Jiao et al.，2007）。本书着重研究在个性化定制中如何利用产品平台策略设计与生产多样化产品，在保证低成本的同时满足客户需求。

2.3.1 单平台策略

根据梅耶等（Meyer et al.，1997）的观点，平台策略提供了一组子系统和接口，为一个产品系列中的不同产品设计一个通用结构，从中可以高效地设计和开发产品系列。罗伯逊等（Robertson et al.，1998）认为平台策略是指在一系列产品中共享的知识和物质资产。从这以后，产品平台策略的上述两个定义在产品设计制造领域得到了广泛认可。一方面，一些研究人员将产品平台视为一个物理模块装配系统，每个模块都由多个产品共享，他们专注于如何设计不同产品，使产品系列在满足客户需求的情况下尽可能多地拥有通用的组件（Krishnan et al.，2001；Agrawal et al.，2013；Suryakant et al.，2015；袁际军 等，2018）。另一方面，产品平台策略关注的并不是物理上通用的组件，而是不同产品间通用的功能（Meyer et al.，1997）。相关研究人员的主要研究方向是找到满足客户需求或工业需求的通用属性（Olivares et al.，2008；Chowdhury et al.，2011；Jiao et al.，2007）。本书的平台策略主要采用梅耶等的观点。

如图 2.1 所示，一个产品系列由 3 个产品组成，每种产品都由 3 个组件组成。由于组件 3 和 4 由 3 个产品共享，根据单平台策略，企业可以将组件 3 和 4 组合在一起构造单产品平台。

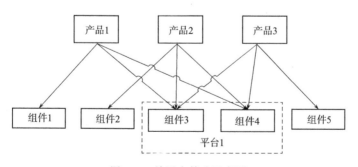

图 2.1 单平台策略示意图

虽然单平台策略的两种定义不同，但目前一些研究已经将这两种定义结合起来综合考虑。例如，林森和但斌（2005）从功能视图、技术视图和组织视图三个角度描述产品平台；屈挺等（Qu et al.，2011）利用遗传算法将两个定义结合起来，开发结构良好的底层产品系列架构的产品平台，同时使消费者能够参与产品定制的设计过程。目前，单平台策略已经扩展了其概念，发展出了如多平台、组件共享、模块和模块化等策略（Song et al.，2019）。

2.3.2 多平台策略与组件共享策略

相较于单平台必须应用于整个产品系列，多平台可以用于产品系列的一个子集（Chen et al.，2008）。单平台策略要求将模块或组件标准化，作为优化的共享约束，并找到一组通用的产品组件，使整个产品系列共享平台组件，以减少设计工作并使问题易处理（Simpson，2004）。但是它可能导致产品间性能的不平衡，因为只有一个通用的平台可能会限制产品系列中部分产品的组件配置和性能。一些低端产品可能会被过度设计，而某些高端产品可能设计不足（Dai et al.，2007）。

使用多平台的优势在于能够更紧密地匹配产品（Ben et al.，2009；Chen et al.，2008）。多平台策略允许用于组成产品的平台多于一个，提供了更高效率制造系列产品的机会（De Weck et al.，2003）。在多平台策略中，平台上的通用组件可以不在一个产品系列中的所有产品中共享，仅在该产品系列的部分产品中使用，而单平台策略要求平台上的通用组件必须由所有产品共享。虽然单平台策略的产品系列设计简单，但是多产品战略能够更加贴合客户的要求，从而扩大潜在市场份额（Dai et al.，2007）。如图2.2所示是一种多平台策略，其中平台2仅服务于产品1和产品2的生产，而没有用于产品3的生产。

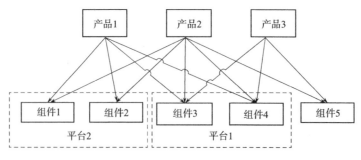

图 2.2 多平台策略示意图

组件共享的定义类似于多平台，但该策略不需要构建平台（Agrawal et al.，2013）。与组件共享相关的文献众多，如有的文献从多项目管理的角度进行了研究（Nobeoka et al.，1997），有的文献则从软件或组件重用（Wymore et al.，2000）

和供应链管理（Ben et al.，2009；Wang et al.，2016）的角度进行了研究。制造商可采用不同的标准确定是否使用组件共享策略，如从成本（Krishnan et al.，2001；Agrawal et al.，2013）、产品属性（Olivares et al.，2008；Qu et al.，2011）、产品设计（Kwak et al.，2013）等角度考虑。

但是目前还很少有研究聚焦组件共享对产品性能的影响。本书尝试在最大限度地提高利润又不降低产品偏好的情况下确定平台模块化和组件共享的最优产品配置。

2.3.3　模块及模块化策略

模块和模块化的概念在产品配置中非常重要，其中模块化的平台通过模块配置创造产品之间的差异（Chen et al.，2008）。产品模块化使制造商能够快速响应不断变化的客户需求（但斌 等，2012），降低产品配置中的技术复杂性，从而实现快速响应和灵活配置（Salvador，2007；李浩 等，2013；谢卫红 等，2014；王秋月 等，2022），优化供应链模式（陈章跃 等，2020）。

模块是一组共享某些特征的预定义组件。模块化是指逻辑单元的划分。系统被分为独立的子系统或模块，通过添加、替换或删除完整的模块实现产品的多样化（Ulrich，1995）。模块化平台用于配置现有模块，非模块化平台上的组件则用来反映产品的独特性（Meyer et al.，1997）。模块化不是一个单一的概念，而是产品特性的多视角融合（Fixson，2005；杜纲 等，2018）。就物理特性而言，模块化旨在将产品分解为逻辑上独立的单元，使得模块之间的相互作用最小而模块内各个组件间的相互作用较大（Jiao et al.，2007；樊蓓蓓 等，2013；程贤福 等，2020）。从产品的功能角度或物理组成来看，模块间的相互作用是指这些物理组件是否能成功组装在一起，成为一个独立的模块（Stone et al.，2000）。从技术角度来看，模块间的相互作用是指设计参数或部件之间的耦合关系（Jiao et al.，2007；程贤福，2018）。从生命周期的角度来看，模块间的相互作用可能代表生产、采购和组装的操作相似性。如图 2.3 所示，本书拟采用物理模块化的概念将产品分解为模块，制造商可根据客户需求和技术要求选择合适的模块组成产品，通过添加、替换和删除完整的模块生产多样化的定制产品。

模块设计是一种经济有效的方法，制造商可以通过标准化模块开发高度差异化的产品，并将定制产品投放到不同的市场领域，从而实现个性化定制（Agard et al.，2013）。它对生产策略有重大影响。通过组合数量有限的模块，可以使产品多样化，建立一个庞大的产品系列（顾新建 等，2012；卢纯福 等，2019）。模块的选择涉及许多制造因素，如组件库存（Zhang et al.，2010；Yang et al.，2015）、客户需求（盛步云 等，2017）、对客户的响应时间（Suryakant et al.，2015；Song et al.，2021）、订单装配（刘艳梅 等，2014；鲁玉军 等，2013；周兴建 等，2021）和生产成本等。许多研究人员扩大了生产成本的概念，考虑如反映产品偏好或质量的成本，研究模块化定制（Agard et al.，2013）。生产成本与模块偏好之间的联系会产生多个偏好成本函数，其中模块偏好本质上取决于生产成本（Krishnan et al.，2001；Jiao et al.，2005）。

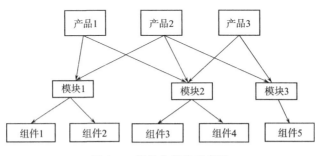

图 2.3　模块化策略示意图

2.3.4　平台模块化策略

目前企业经常采用的方法是将平台策略和模块化策略结合使用。早期对产品平台模块化的研究将产品平台视为通用模块或设计变量，旨在识别一组通用组件或变量，以形成用于开发产品系列的平台。研究人员发现，平台模块化的优势是可以将组件以原始形式进行重新组装或排列，或者可以在各种产品之间共享模块（Jose et al.，2005）。之后，平台模块化设计集中于组件的通用性、组件的可组合性、功能的可组合性、接口标准化和松耦合（Salvador，2007）。这些设计使平台在以下两个方面有突出表现。一方面，平台模块化的优点使制造商可以使用独立设计的子系统开发产品，从而实现规模经济。另一方面，平台模块化使制造商能够快速响应不断变化的客户需求和产品配置中的技术要求，从而缩短交货时间，并具有高度的灵活性。除了平台模块化的上述优势外，许多研究人员还关注了其他因素，如产品性能（Dai et al.，2007）、产品平台开发中的通用性和模块化（Jiao et al.，2005；Liu et al.，2010）、产品平台的更新和替换（Ben et al.，2009；Sköld et al.，2012）、在客户效用和大规模生产之间的权衡（Jiao et al.，

2005）、绿色制造（程贤福 等，2020）等。

在上述因素中，通用性和产品性能是本书研究的重要主题之一。在确定产品系列时，平台配置在以下两个方面起着至关重要的作用：有效性（满足性能要求的能力）和效率（由于通用性而节省的时间和成本）（Dai et al.，2007）。现有的一些产品平台研究忽略了有效性，仅假设效率越高平台配置越好。本书中提出的模型兼顾有效性和效率，即通过平台和组件共享的方法兼顾产品系列的效率和有效性，并制定最佳产品性能和利润的产品配置方案。

2.3.5　延迟制造策略

延迟制造是支持产品多样性和保持低成本的方法之一。它将生产过程分为通用阶段和差异化阶段。制造商在通用阶段生产可模块化的组件或标准组件，并尽可能延迟差异化阶段。制造商在了解客户对产品外观、功能和数量的要求后，将设计产品延迟制造策略以生产最终产品（Agard et al.，2013）。

2.3.6　产品配置策略小结

随着平台策略的广泛使用，其强大而灵活的产品配置为制造商带来了诸多益处。表 2.1 总结了上述三种策略的定义与特点。一个长生命周期的平台能够降低开发单个产品的成本和风险，增强制造过程的灵活性，缩短产品上线的时间，允许在设计和开发中进行更多投资，并对企业的创新文化有显著的刺激作用（方爱华 等，2017）。除了这些优点外，其缺点也在相关文献中被讨论（Moon et al.，2009；Agrawal et al.，2013；Chen et al.，2009）。例如，某些产品可能并不适用产品平台策略。产品平台策略可能导致过度设计低端产品的功能或者过低设计高端产品的功能。当消费者了解到某些组件是共享的时候，它也可能扭曲消费者对产品的真实价值感知。此外，有些制造商发现平台策略很难保持其产品的独特性，会被消费者指责以不同的价格出售具有相同功能的产品（Moon et al.，2009）。

表 2.1　三种策略的定义与特点

策略	特点	说明
单平台策略	不同产品共用一个通用结构	平台上的通用组件必须由所有产品共享
多平台策略	用于组成产品的平台多于一个	通用组件可以不在一个产品系列的所有产品中共享，而仅在该产品系列的部分产品中使用

策略	特点	说明
模块化策略	一组共享某些特征的预定义组件	通过添加、替换或删除完整的模块实现产品的多样化

2.4 产品平台策略中的不确定性

在生产制造中，如果没有明确地确定产品的市场需求及相关制造成本，确定环境下的最优配置或者优化方法可能会导致设计的产品系列不理想。但是目前大多数研究考虑确定环境下的模型，即在设计模型时使用的参数都是预先定义的，这会造成在产品配置中忽略产品设计与生产制造中的不确定因素，从而损失潜在目标客户群体，有可能造成利润的损失。因此，许多学者开始针对这一问题进行研究，本书也关注了产品配置中存在的不确定性。衡量不确定环境主要有三种方法，即概率论、模糊集理论和不确定理论。概率论一般在有大量数据的情况下使用，以概率分布估计参数的值；模糊集理论一般用于估计主观参数的值，如人的心情等；不确定理论用于缺少样本分布时估计参数的值。在以往的产品平台设计与生产决策研究中，大部分学者使用概率论处理产品平台中存在的不确定性，用概率分布估计不确定参数的值。本书采用不确定理论估计不确定参数的分布与值。在市场或生产出现重大变动时，如存在供应链中断的风险时，过往数据往往无法使用，企业通常邀请专家或者管理人员估计参数的值（信度）。本书采用不确定理论处理信度的值，将不确定模型转化为确定性模型进行分析。

2.4.1 响应时间的不确定性与外包策略

产品配置中响应时间的不确定性已在仓储物流领域得到广泛研究。在库存策略方面，许多学者研究了响应时间不确定性对组件库存（Kumar，1989；刘艳梅等，2014）、投资政策（Sarkar et al.，2020）、订购决策（Hsu et al.，2007；Ahalawat et al.，2012）和仓储策略（Song et al.，2008）等的影响。大多数研究得出的结论表明，响应时间不确定性会对库存产生不利影响，如较高的库存成本（Kumar，1989；Sarkar et al.，2020）、较高的安全库存（Sarkar et al.，2020）和较低的利润（Hsu et al.，2007；Ahalawat et al.，2012）等。拉达尔等（Rahdar et al.，2018）针对不确定的需求和响应时间提出了两阶段三级优化模型。在与案例中的三种确定性模型比较之后，他们发现所提出的响应时间不确定性模型在所有参数设置中成本最低。

响应时间不确定性也会影响供应链。迪亚巴特等（Diabat et al.，2017）指出，配送中心结构的数量和开业成本受响应时间不确定性的影响。马士华等（2002）指出，由于系统中的响应时间存在不确定性，在不同阶段使用通用性组件的影响是不同的。有学者（Wang et al.，2007）提出了一种可能性模型，采用模糊响应时间为供应链配置和库存决策提供了一种可行的方法。从相关文献可以看出，在不确定的环境下，响应时间的不确定性对库存管理和供应链管理有重要影响，但是很少有研究关注响应时间不确定性对产品配置的影响。本书拟研究响应时间不确定性如何影响产品配置和制造商的利润。

外包策略已经成为制造策略的重要组成部分。外包策略可以使制造商减少建设生产线的固定成本，但是会增加边际成本（Xiao et al.，2014；Liu et al.，2017）。引入外包策略对供应链有以下影响。通过评估和模拟外包风险可知，外包有助于减少供应链中的响应时间和总成本（Lee et al.，2012）。通过定性研究，萨尔瓦多等（Salvador et al.，2002）发现产品家族外包组件的复杂性会影响产品的性能与运营绩效。哈恩等（Hahn et al.，2016）通过多准则方法提出，外包策略有助于降低随机制造环境中需求和运营不确定性对运营指标的影响。此外，外包策略提高了制造商供应链的敏捷性，影响投资计划和制造过程的管理成本（Mason et al.，2002）。

与不采用外包策略的生产模式相比，外包节省了生产组件的时间和资源，从而帮助制造商缩短交货时间（Xiao et al.，2014）。但是由于寻找合适的组件供应商难度很大，过多的外包也可能对产品多样化产生不利影响，如可能会延长交货时间等（Matsushima et al.，2016）。为了调查组件外包的适当程度，本书通过构建响应时间不确定性模型考察产品配置与采购策略（外包或非外包）之间的关系。

2.4.2 产品配置中的不确定性

目前在考虑不确定性的文献中，大多数学者将不确定性纳入其模型后，企业在未来销售中的利润都有所增加（Seepersad et al.，2002）。有学者（Suryakant et al.，2015）假定客户需求为不确定的，构建了 GVI 指数，并利用概率论来构建产品平台。杨东等（Yang et al.，2018）假定客户响应时间为不确定的，通过设置不同均匀分布下的响应时间来构造最优的产品平台。

大多数现有文献利用概率论，假定需求随概率分布，但是概率论对客户需求的刻画存在局限性。例如，随着手机和平板计算机等个性化定制产品的快速迭代，历史数据通常不适用于新产品，因此很难获得关于消费者需求和响应时间的准确信息。由于缺乏历史数据，存在不确定性，描述和推理比随机性更为复杂。在日常生活中，出于经济原因或技术困难，也可能出于突发事件的影响，企业往往缺乏有关事件的观察数据。由于没有足够的数据获得事件的概率分布，企业必须邀请一些领域的专家或者管理人员给出每个事件发生的可能性。人类通常会高估不太可能发生的事件（Tversky et al.，1986），因此得到的概率可能比实际频率有更大的方差。在这种情况下，如果企业坚持用概率论处理信度，就会产生一些违反直觉的结果（Liu，2007）。

为了应对这种不确定性，刘宝碇在 2007 年建立了不确定理论，作为数学的一个分支，并在 2009 年精细化该理论。从那以后，许多研究人员为丰富这个领域做了很多重要的工作。为了对不确定变量进行排序，刘宝碇提出了期望值的概念，并验证了它的线性。有学者（Liu et al.，2010）通过推导计算出独立不确定变量的严格单调函数的期望值，从而将具有不确定变量的模型转化为清晰的等价形式。

实际中，在不确定环境下存在很多优化问题，这些实际问题可以表示为不确定规划问题。在刘宝碇 2009 年首次提出包括期望值规划、机会约束规划和相关机会规划在内的不确定规划后，不确定理论成功应用于科学、工程和管理领域。

为了提高平台设计的稳健性，本书在模型中考虑不确定性。针对平台策略问题中存在的不确定性，如需求的不确定性、产品规模效应的不确定性，本书利用不确定理论规划模型，将模型中的不确定变量转换为确定性等价类，并用期望值模型描述不确定模型。

2.5 小　　结

基于上述文献梳理，笔者发现，在利用单平台策略时，许多研究无法避免单平台策略造成的高端产品设计不足和低端产品设计过度的问题。本书通过将组件共享策略和单平台策略相结合，在保证产品平台通用性的同时满足产品组件的独特性。在模块化策略的研究中，笔者发现缺乏客户响应时间对制造商利润影响的研究。由于产品模块设计耗时长，为缩短客户响应时间，本书采用外包策略减少响应时间不确定性对制造商利润的影响。此外，本书提出多平台模块化的新策略，并利用标准化和冗余策略为企业实现灵活制造提供建议。

　　平台设计虽已得到广泛的研究，但是大多数研究是在确定性环境中进行产品配置，假设配置参数（如规模经济和响应时间）是固定和已知的，现有文献中尚未充分考虑不确定性对产品配置的影响。实际上，产品配置是在高度不确定的环境中进行的。例如，由于设计复杂性、交通状况、资源限制等原因，从接收客户需求到交付产品的响应时间不确定。因此，本书将组装、拆卸、生产时间和规模经济等设为不确定参数。随着手机、平板计算机等大量定制产品快速变化，且新产品通常不具备历史数据，很难获得有关消费者需求和效用的准确信息。此外，由于制造商在新设计的平台上没有关于模块质量和成本节约的数据，所以在平台投入使用之前制造效率是不确定的。由于缺乏历史数据，概率论不能很好地刻画这种不确定性。不确定环境下的平台设计问题尚未得到充分研究。为了提高基于平台生产的稳健性，本书将不确定理论引入模型，将不确定模型转换为确定性等价类。

　　在模型的约束条件中，现有平台策略方面的文献大多考虑简单的约束，如成本约束等，本书则会考虑更多的限制条件，如仓储问题、客户响应时间、模块物理安装限制等，从而使模型更贴合实际、操作性更强。

第 3 章 考虑组件共享的产品单平台 设计与生产决策优化

当前产品多样化的趋势给制造商带来了各种挑战，制造商在寻求有效方式开发多种产品提高客户满意度，同时保持规模经济和低成本。本章首先考虑基础的产品单平台策略。在这种策略下，制造商设计一个在所有产品中通用的产品平台。这种平台策略最大的局限性在于产品间缺少通用性，因此本章提出组件共享策略，弥补单平台策略的不足。

本章提出了四种方法帮助制造商找出最优产品性能和最大利润的解决方案：(i) 仅有平台而无组件共享，(ii) 仅组件共享而无平台，(iii) 使用平台和组件共享开发产品，或 (iv) 从给定的非共享组件中独立开发产品。本章将假设客户需求和规模经济存在不确定性，提出不确定模型，并找到最有利可图的方法用于开发整个新产品系列。详细的数值分析可为该模型的可行性和有效性提供支持。

3.1 问 题 描 述

产品种类有两种定义：在给定时间内制造商提供的产品类别，以及制造商用新产品替换现有产品的比率（Fisher et al.，1999）。许多行业采用这两种定义设计产品系列。当前的管理挑战是如何提供多样化的产品种类以提高客户满意度，同时保持规模经济和低成本。

为了应对上述挑战，大多数制造商考虑了基于平台的策略和组件共享策略。平台策略可以缩短交货时间，降低开发和制造成本，增强可靠性和制造灵活性。工业上有许多成功的例子：索尼公司通过建造具有关键模块的平台开发了所有"漫步者"系列产品，生产上的灵活性帮助索尼公司以低成本生产各种高质量的产品，并推出了 2501 种不同型号的产品（Sanderson et al.，1995）；日本电装有限公司采用基于平台的策略，生产了 288 种不同类型的面板仪表，其中包括 17 个标准化组件（Whitney，1993）；惠普公司通过平台模块化成功开发了几款喷墨打印机和激光打印机，以在竞争中获得多样化的优势（Feitzinger et al.，1997）。

濫用基于平台的策略可能会导致一些问题。制造商面临的主要挑战是平衡产品的通用性和差异性：强调产品通用性可以有效降低单位成本，其中规模经济起着重要作用，但是这会削弱产品间的差异，可能损害消费者效用。本章使用一些约束条件保持产品的通用性和差异性之间的平衡，从而确保消费者效用，提高客户满意度。

制造商也越来越多地将组件共享视为保证产品多样性的一种方式。组件共享是一种基于产品的策略，可以在项目或产品之间共享特定的组件和概念。该定义在硬件和软件中都可以使用。在组件共享策略中，所有产品共用标准化的核心概念和组件，而产品的独特概念和差异化组件是单独建立的。从制造商的角度来看，组件共享的目标包括：降低研发成本，在研发环境中实现更好的知识集成，加速产品开发并增强对客户的响应（Oshri et al.，2005）。制造商是否支持组件共享取决于成本、产品质量性能及组织结构等因素。本章构建的模型重点关注上述关键问题及支持或禁止组件共享策略的相关因素。

产品平台设计中存在许多不确定因素，如客户需求、规模经济等。为了处理这些不确定性，许多研究人员使用概率论或者模糊集衡量这些不确定因素，并假设这些不确定因素基于特殊的概率分布或者模糊分布（Moon et al.，2009；Choi et al.，2013；Yang et al.，2018；李民 等，2019；刘畅 等，2020）。在某些情况下，由于个性化定制产品（如手机和平板计算机）快速变化，很难获得有关消费者需求和效用的准确信息（Song et al.，2019）。当没有足够多的数据估计概率分布时，管理人员通常会邀请相关领域专家评估事件发生的置信度。许多研究人员将信度描述为主观概率或模糊集，但是在这种情况下会出现一些违反直觉的结果（Liu，2012）。因此，本章采用不确定理论提高模型的鲁棒性。

尽管平台策略和组件共享在制造业很流行，但两者的结合还没有得到充分的研究。此外，不确定理论在估计客户需求和规模经济方面的有效性很少受到关注。本章将建立一个简单但易于扩展的产品平台和组件共享模型。本章要解决的问题如下：

1）如果将产品平台和组件共享策略整合在一起，这种组合策略是否比独立策略更有利可图？

2）影响制造商决定采用哪种策略的关键因素是什么？

3）在（i）仅有产品平台而无组件共享，（ii）仅组件共享而无产品平台，（iii）使用产品平台和组件共享开发两种产品，或（iv）独立开发两种产品四种方法中，哪种是最有利可图的方法？

克里希南等（Krishnan et al.，2001）的研究与本章内容紧密相关，本章使用相同的成本方程和约束。但是前者的模型基于确定性环境，并且没有考虑库存问题，因此结果在不确定环境下的有效性无法评估。本章的研究考虑了客户需求和规模经济中存在的不确定性，并引入组件共享策略，通过比较找到利润最优的方法。另外，本章与克里希南等的主要研究动机不同。克里希南等主要关注产品平台的适用性及其对产品配置决策的影响，而本章的研究关注不确定性对利润的影响，并比较以上四种方法，以找到最有利可图的方法。

3.2　模　型　构　建

首先描述问题的背景。制造商决定开发一个全新的产品系列，该产品系列由两种不同类型的产品（高端产品和低端产品）组成。这两类产品分别针对两个不同的消费群体，即高端消费者和普通消费者。高端产品的性能优于低端产品，并且高端产品部分组件的性能优于低端产品，因此高端产品价格较高，而低端产品价格较低。目前，制造商正在考虑开发该产品系列的两种策略：平台策略和组件共享策略。在本章的模型中，平台包括整个产品系列中的共享组件及在平台上开发某些组件的通用基础。组件共享允许在不设计平台的情况下在多个产品中使用相同的组件，这有助于轻松地删除、升级或替换组件以进行产品的重新设计。产品的其余组件（体现两类产品的独特性的组件）不能在整个产品系列中共享。

为了提供多样化的产品系列，帮助制造商开发产品的两种策略（平台策略和组件共享策略）有四种可能的情况：（i）仅有平台而无组件共享，（ii）仅组件共享而无平台，（iii）使用平台和组件共享开发产品，或（iv）独立开发两种产品。这四种情况对应的模型用 A1、A2、A3 和 A4 表示。本章使用基于绩效的方法分析这四个方案中哪一个是最优的解决方案。

假设高端和低端产品的需求是不确定的，并且消费者从这些类型的产品中获得的单位效用是同质的（Cline et al.，1994；Krishnan et al.，2001；Salo et al.，2006；Burda et al.，2010）。假设销售价格大于单位成本和残值的和。产品的升级会导致组件快速贬值，因此会大大降低回收和再利用组件的价值（s_h，s_l）。令 v_h、v_l 分别表示高端产品和低端产品的性能单位价值（$v_h > v_l > 0$），令 q_h 和 q_l 分别表示高端产品和低端产品的性能水平，假定性能水平是一个连续变量。在现实中，许多产品的性能水平是连续的，如酒精的纯度、汽车允许的最大累计行驶距离等。性能水平分别为 q_h、q_l 的高端和低端产品，它们的消费者效用分别为 $v_h q_h$ 和 $v_l q_l$。根据行业观察，固定成本与产品的性能水平 q 成正比，因此固定成本由函数 $A q^\beta$ 给出，其中 A 和 β 是常数（Krishnan et al.，2001；Agrawal et al.，2013）。当制造商决定分别开发两种产品时，高端产品和低端产品的固定成本分别为 $A q_h^\beta$、$A q_l^\beta$。

制造商可以选择平台开发这两种产品。如果这样做，产品系列的固定成本会因设计和制造平台而发生改变。假设平台提供 q_p 的性能水平，$q_p \leqslant q_l$。在平台策略中，两种产品使用相同的平台组件 q_p 及特有组件 q_h 和 q_l。平台的固定成本为 $P q_p^\beta$，其中 P 为常数。由于设计和制造平台的复杂性，假设 $P > A$。根据先前的研究（Krishnan et al.，2001），开发没有组件共享平台的总固定成本为 $c_f = A(q_h^\beta - q_p^\beta) + A(q_l^\beta - q_p^\beta) + P q_p^\beta = A(q_h^\beta + q_l^\beta) + (P - 2A) q_p^\beta$。当 $P \leqslant 2A$ 时，该平台可提供正向的经济利益。

与固定成本的函数类似，单位成本由函数 $C q^\gamma$ 表示，其中 C 和 γ 是常数。平台和组件共享具有降低产品单位成本的优势。由于两种策略都需要大量相同的组件，所以规模经济在降低产品单位成本方面起着主导作用。规模经济是指在给定的技术条件下由于生产规模扩大而引起的单位成本下降的现象。当生产大量相同的产品或组件时，规模经济将发挥重要作用。在本章的模型中，规模经济水平用 $g(0 < g < 1)$ 表示。显然，g 的值越小，规模经济的作用越强。由于采用平台或组件共享策略时无法准确评估规模经济的确定值，所以参数 g 是不确定的。本章假定 g 为不确定变量，其取值范围为 $[0, 1]$。

尽管产品似乎可以从平台策略中受益，但是这种策略也有一些缺点，其中之一是产品缺乏独特性。引入平台后，高端和低端产品的平台组件性能相同，这会导致低端产品的过度设计或高端产品的设计不足。这里仅考虑设计不足的情况，过度设计的分析方法与它相似。假设高端产品的设计不足系数为 u_1，高端产品和低端产品的单位成本分别为 $c_h = u_1 g C q_h^\gamma$ 和 $c_l = g C q_l^\gamma$。

考虑到库存问题，用 Q_h 和 Q_l 表示高端和低端产品的生产数量，用 D_h 和 D_l 表示高端和低端产品的需求数量。假设 D_h、D_l 为不确定变量，因为在市场中需求的分布估计存在不确定性。当产量大于需求时，就会有剩余产品，模型中需要考虑剩余的高端或低端产品的残值，分别用 s_h 和 s_l 表示。类似地，用 r_h 和 r_l 分别表示高端产品和低端产品的价格。目标函数是最大化的总利润，决策变量分别是 q_h、q_l、q_p、p_h、p_l，目标函数为 $\max \Pi = \min(D_h, Q_h)(r_h - c_h) + \min(D_l, Q_l)(r_l -$

$c_1) +s_h(Q_h -D_h)^+ +s_1(Q_1 -D_1)^+ -c_f$。

本章所用参数见表 3.1。

表 3.1　参数

参数	含义
v_h, v_1	高端和低端产品性能的单位估值
q_h, q_1	高端和低端产品的性能水平
q_p, q_{cs}	平台和组件共享策略下的组件性能水平
g	平台的规模经济水平，作为单位成本的系数
k	组件共享的规模经济水平，作为单位成本的系数
A, B, C, P	常数，成本系数
γ, β	常数，分别为单位成本和固定成本的成本系数
Q_h, Q_1	高端和低端产品的生产数量
D_h, D_1	高端和低端产品的需求数量
r_h, r_1	高端和低端产品的单位价格
c_h, c_1	高端和低端产品的单位成本
s_h, s_1	高端和低端产品的残值
u_1, u_2	平台或组件共享策略下的设计不足系数
c_f	设计和开发产品时的固定成本

本章建立如下的基本数学模型：

$$\max \Pi = \min(D_h, Q_h)(r_h -c_h) + \min(D_1, Q_1)(r_1 -c_1) +$$
$$s_h(Q_h -D_h)^+ +s_1(Q_1 -D_1)^+ -c_f \tag{3.1}$$

s. t.

$$v_h q_h -r_h \geqslant v_h q_1 -r_1 \tag{3.2}$$

$$v_1 q_1 -r_1 \geqslant v_1 q_h -r_h \tag{3.3}$$

$$v_1 q_1 \geqslant r_1 \tag{3.4}$$

$$v_h q_h \geqslant r_h \tag{3.5}$$

$$q_1 \leqslant q_h \tag{3.6}$$

$$q_p \leqslant q_1 \tag{3.7}$$

$$q_p \geqslant 0, q_h \geqslant 0, q_1 \geqslant 0, r_h \geqslant 0, r_1 \geqslant 0 \tag{3.8}$$

式（3.1）是模型的目标函数。式（3.2）表明，高端消费者从高性能产品中获得的效用应不低于其从普通产品中获得的效用，从而确保高消费客户群体购买高端产品。同理，式（3.3）表明，普通客户从低端产品中获得的效用应不低于其从高端产品中获得的效用。式（3.4）和式（3.5）确保产品对消费者的效用不低于其价格。式（3.6）确保高端产品的性能不低于低端产品的性能。

根据先前的研究，为了获得最大利润，制造商普遍从低端产品中获取利润并为高端产品定价，从而使高端客户对两种产品感到无差别（Mussa et al.，1978；Moorthy，1984；Moorthy et al.，1992）。因此，约束式（3.2）和式（3.4）是等同的，从而得到：$r_l = v_l q_l$，$r_h = v_h q_h - (v_h - v_l) q_l$。

由于目标函数中存在不确定变量，上述模型无法有效求解。在没有任何决策标准的情况下，优化不确定函数或将不确定函数的值与确定值进行比较是没有意义的。现有研究一般遵循这样的观点，即不确定函数的值可以通过其期望值自然地估计，这被称为不确定期望模型（EVM）。

A1 情况下的不确定期望值模型简化如下。令 $f(D_h) = \min(D_h, Q_h)(r_h - c_h) + s_h(Q_h - D_h)^+$，$f(D_l) = \min(D_l, Q_l)(r_l - c_l) + s_l(Q_l - D_l)^+$，那么 $E[\Pi] = E[f(D_h)] + E[(D_l)] - c_f$。因为 $\min(D_h, Q_h) = Q_h - (Q_h - D_h)^+$，可得 $f(D_h) = (Q_h - D_h)^+ (s_h - r_h + c_h) + Q_h(r_h - c_h)$。同理可得，$f(D_l) = (Q_l - D_l)^+ \cdot (s_l - r_l + c_l) + Q_l(r_l - c_l)$。

$$\Pi = (Q_h - D_h)^+ \{s_h - [v_h q_h - (v_h - v_l) q_l] + u_l g C q_h^\gamma\} + Q_h[v_h q_h - (v_h - v_l) q_l - u_l g C q_h^\gamma] + (Q_l - D_l)^+ (s_l - v_l q_l + g C q_l^\gamma) + Q_l(v_l q_l - g C q_l^\gamma) - A(q_h^\beta + q_l^\beta) - (P - 2A) q_p^\beta$$

并随着 g、$(Q_h - D_h)^+$、$(Q_l - D_l)^+$ 单调递减。

令 D_h、D_l、g 的不确定分布逆分布分别为 $\Phi_{D_h}^{-1}(\alpha)$、$\Phi_{D_l}^{-1}(\alpha)$、$\Phi_g^{-1}(\alpha)$。为了表示简单，假设 $(Q_h - D_h)^+$、$(Q_l - D_l)^+$ 的不确定分布逆分布分别为 $\Phi_{(Q_h - D_h)^+}^{-1}(\alpha)$、$\Phi_{(Q_l - D_l)^+}^{-1}(\alpha)$。

根据以上化简，目标函数 Π 的期望值为

$$E[\Pi] = s_h \int_0^1 \Phi_{(Q_h - D_h)^+}^{-1}(1 - \alpha) d\alpha + \left[Q_h - \int_0^1 \Phi_{(Q_h - D_h)^+}^{-1}(1 - \alpha) d\alpha\right] \cdot$$

$$[(q_h - q_l)v_h + q_l v_l] - Q_h u_l C q_h^\gamma \int_0^1 \Phi_g^{-1}(1 - \alpha) d\alpha +$$

$$u_l C q_h^\gamma \int_0^1 \Phi_{(Q_h - D_h)^+}^{-1}(1 - \alpha) \Phi_g^{-1}(1 - \alpha) d\alpha + s_l \int_0^1 \Phi_{(Q_l - D_l)^+}^{-1}(1 - \alpha) d\alpha +$$

$$\left[Q_l - \int_0^1 \Phi_{(Q_l - D_l)^+}^{-1}(1 - \alpha) d\alpha\right] q_l v_l - Q_l C q_l^\gamma \int_0^1 \Phi_g^{-1}(1 - \alpha) d\alpha +$$

$$C q_l^\gamma \int_0^1 \Phi_{(Q_l - D_l)^+}^{-1}(1 - \alpha) \Phi_g^{-1}(1 - \alpha) d\alpha - A(q_h^\beta + q_l^\beta) - (P - 2A) q_p^\beta$$

因为 $E[(Q_h - D_h)^+] = \int_0^1 \Phi^{-1}_{(Q_h - D_h)^+}(1-\alpha)\mathrm{d}\alpha$，$E[(Q_l - D_l)^+] = \int_0^1 \Phi^{-1}_{(Q_l - D_l)^+}$

$(1-\alpha)\mathrm{d}\alpha$，$E[g] = \int_0^1 \Phi^{-1}_g(1-\alpha)\mathrm{d}\alpha$，$E[g(Q_h - D_h)^+] = \int_0^1 \Phi^{-1}_{(Q_h - D_h)^+}(1-\alpha)\cdot$

$\Phi^{-1}_g(1-\alpha)\mathrm{d}\alpha$，$E[g(Q_l - D_l)^+] = \int_0^1 \Phi^{-1}_{(Q_l - D_l)^+}(1-\alpha)\Phi^{-1}_g(1-\alpha)\mathrm{d}\alpha$，目标函数的期

望值可以简化为

$$
\begin{aligned}
E[\Pi] = & s_h E[(Q_h - D_h)^+] + (Q_h - E[(Q_h - D_h)^+])[(q_h - q_l)v_h + q_l v_l] - \\
& Q_h u_1 C q_h^\gamma E[g] + u_1 C q_h^\gamma E[g(Q_h - D_h)^+] + s_l E[g(Q_l - D_l)^+] + \\
& (Q_l - E[g(Q_l - D_l)^+])q_l v_l - Q_l C q_l^\gamma E[g] + C q_l^\gamma E[g(Q_l - D_l)^+] - \\
& A(q_h^\beta + q_l^\beta) - (P - 2A)q_p^\beta
\end{aligned} \tag{3.9}
$$

从以上目标函数可以看出，如果 $P > 2A$，当 $q_p = 0$ 时，模型的利润最大，这意味着没有平台，两个产品独立开发时的利润最大；如果 $P < 2A$，则平台应提供 $q_p = q_l$ 的性能。本章假设 $\beta = \gamma > 1$，该参数设定可以保证求出最佳性能和最大利润的最优解。当 $\gamma \leqslant 1$ 时，利润函数在 q_l 和 q_h 中是凸函数，并在端点处取最大值。因此，本章仅考虑 $\beta = \gamma > 1$ 的情况。

3.2.1 A1：基于平台的方法

通过以上分析，本章仅考虑 $P < 2A$ 的情况，并且假设平台以 $q_p = q_l$ 的价格提供性能以获取最佳解决方案。最佳性能水平 $(q^*_{h,1}, q^*_{l,1})$ 和利润 $E[\Pi]^*_1$ 由一阶最优条件得出：

$$
q^*_{h,1} = \left[\frac{(Q_h - E[(Q_h - D_h)^+])v_h}{\gamma[A + (Q_h E[g] - E[g(Q_h - D_h)^+])Cu_1]} \right]^{\frac{1}{\gamma-1}} \tag{3.10}
$$

$$
q^*_{l,1} = \left[\frac{(Q_l - E[(Q_l - D_l)^+])v_l - (Q_h - E[(Q_h - D_h)^+])(v_h - v_l)}{\gamma[P - A + (Q_l E[g] - E[g(Q_l - D_l)^+])C]} \right]^{\frac{1}{\gamma-1}} \tag{3.11}
$$

$$
\begin{aligned}
E[\Pi]^*_1 = & \frac{\gamma - 1}{\gamma} \cdot \left\{ \left[\frac{[(Q_h - E[(Q_h - D_h)^+])v_h]^\gamma}{\gamma[A + (Q_h E[g] - E[g(Q_h - D_h)^+])Cu_1]} \right]^{\frac{1}{\gamma-1}} + \right. \\
& \left. \left[\frac{[(Q_l - E[(Q_l - D_l)^+])v_l - (Q_h - E[(Q_h - D_h)^+])(v_h - v_l)]^\gamma}{\gamma[P - A + (Q_l E[g] - E[g(Q_l - D_l)^+])C]} \right]^{\frac{1}{\gamma-1}} \right\} + \\
& E[(Q_h - D_h)^+]s_h + E[(Q_l - D_l)^+]s_l
\end{aligned} \tag{3.12}
$$

证明：假设 A1 中期望总利润为 $E[\Pi]_1$，分别可以获得如下关于 q_h、q_l 的一

阶偏导数:

$$\frac{\partial E[\Pi]}{\partial q_h} = (Q_h - E[(Q_h - D_h)^+])v_h - Q_h CE[g]\gamma u_1 q_h^{\gamma-1} +$$

$$CE[g(Q_h - D_h)^+]\gamma u_1 q_h^{\gamma-1} - A\gamma q_h^{\gamma-1}$$

$$\frac{\partial E[\Pi]}{\partial q_1} = (E[(Q_h - D_h)^+] - Q_h)(v_h - v_1) + (Q_1 - E[(Q_1 - D_1)^+])v_1 -$$

$$Q_1 CE[g]\gamma q_1^{\gamma-1} + CE[g(Q_1 - D_1)^+]\gamma q_1^{\gamma-1} + \gamma(A - P)q_1^{\gamma-1}$$

目标函数 $E[\Pi]_1$ 的相应二阶导数为

$$D = \frac{\partial^2 E[\Pi]}{\partial q_h^2} = [(E[g(Q_h - D_h)^+] - Q_h E[g])u_1 C - A]\gamma(\gamma-1)q_h^{\gamma-2} < 0$$

$$E = \frac{\partial^2 E[\Pi]}{\partial q_1^2} = [(E[g(Q_1 - D_1)^+] - Q_1 E[g])C + A - P]\gamma(\gamma-1)q_1^{\gamma-2} < 0$$

$$F = \frac{\partial^2 E[\Pi]}{\partial q_h q_1} = 0$$

显然,$DF - E^2 > 0$,$D < 0$,因此 $E[\Pi]_1^*$ 是最优解。

基于平台方法的预期利润 $E[\Pi]_1^*$ 可以表示为

$$E[\Pi]_1^* = (Q_h - E[(Q_h - D_h)^+])v_h q_h - [A + (Q_h E[g] - E[g(Q_h - D_h)^+])u_1 C]q_h^\gamma + [(Q_1 - E[(Q_1 - D_1)^+])v_1 - (Q_h - E[(Q_h - D_h)^+])(v_h - v_1)]q_1 - [P - A + (Q_1 E[g] - E[g(Q_1 - D_1)^+])C]q_1^\gamma + E[(Q_h - D_h)^+]s_h + E[(Q_1 - D_1)^+]s_1$$

令 $a_1 = (Q_h - E[(Q_h - D_h)^+])v_h$,$b_1 = A + (Q_h E[g] - E[g(Q_h - D_h)^+])u_1 C$,$a_2 = (Q_1 - E[(Q_1 - D_1)^+])v_1 - (Q_h - E[(Q_h - D_h)^+])(v_h - v_1)$,$b_2 = P - A + Q_1 E[g] - E[g(Q_1 - D_1)^+]C$,那么 $q_{h,1}^* = \left[\dfrac{a_1}{\gamma b_1}\right]^{\frac{1}{\gamma-1}}$,$q_{1,1}^* = \left[\dfrac{a_2}{\gamma b_2}\right]^{\frac{1}{\gamma-1}}$。因此,$E[\Pi]_1^*$ 可以简化为

$$E[\Pi]_1^* = a_1 q_h - b_1 q_h^\gamma + a_2 q_1 - b_2 q_1^\gamma + E[(Q_h - D_h)^+]s_h + E[(Q_1 - D_1)^+]s_1$$

$$= a_1\left(\frac{a_1}{\gamma b_1}\right)^{\frac{1}{\gamma-1}} - b_1\left(\frac{a_1}{\gamma b_1}\right)^{\frac{\gamma}{\gamma-1}} + a_2\left(\frac{a_2}{\gamma b_2}\right)^{\frac{1}{\gamma-1}} - b_2\left(\frac{a_2}{\gamma b_2}\right)^{\frac{\gamma}{\gamma-1}} +$$

$$E[(Q_h - D_h)^+]s_h + E[(Q_1 - D_1)^+]s_1$$

$$= \frac{a_1^{\frac{\gamma}{\gamma-1}}}{(\gamma b_1)^{\frac{1}{\gamma-1}}} - \frac{1}{\gamma}\frac{a_1^{\frac{\gamma}{\gamma-1}}}{(\gamma b_1)^{\frac{1}{\gamma-1}}} + \frac{a_2^{\frac{\gamma}{\gamma-1}}}{(\gamma b_2)^{\frac{1}{\gamma-1}}} - \frac{1}{\gamma}\frac{a_2^{\frac{\gamma}{\gamma-1}}}{(\gamma b_2)^{\frac{1}{\gamma-1}}} +$$

$$E[(Q_h - D_h)^+]s_h + E[(Q_1 - D_1)^+]s_1$$

$$= \frac{\gamma - 1}{\gamma} \cdot \left[\left(\frac{a_1^\gamma}{\gamma b_1} \right)^{\frac{1}{\gamma - 1}} + \left(\frac{a_2^\gamma}{\gamma b_2} \right)^{\frac{1}{\gamma - 1}} \right] + E[(Q_h - D_h)^+]s_h +$$

$$E[(Q_1 - D_1)^+]s_1$$

3.2.2　A2：基于组件共享的方法

在组件共享方法中，固定成本为 Bq_{cs}^β ，组件共享的性能为 $q_{cs}(q_{cs} \leqslant q_1)$ ，其中 $A < B < P$ 。设计不足系数为 u_2 ，组件共享的规模经济不确定系数为 k 。假设 k 具有不确定分布逆分布 $\Phi_k^{-1}(\alpha)$ ，令 $E[k] = \int_0^1 \Phi_k^{-1}(1 - \alpha) \mathrm{d}\alpha$ ，目标函数为

$$\begin{aligned}
E[\Pi]_2 = & (Q_h - E[(Q_h - D_h)^+])v_h q_h - [A + (Q_h E[k] - \\
& E[k(Q_h - D_h)^+])u_2 C]q_h^\gamma + [(Q_1 - E[(Q_1 - D_1)^+])v_1 - \\
& (Q_h - E[(Q_h - D_h)^+])(v_h - v_1)]q_1 - [B - A + \\
& (Q_1 E[k] - E[k(Q_1 - D_1)^+]C)]q_1^\gamma + E[(Q_h - D_h)^+]s_h + \\
& E[(Q_1 - D_1)^+]s_1
\end{aligned} \tag{3.13}$$

类似于基于平台的分析方法，当 $q_{cs} = q_1$ 时，A2 可以获得最佳解决方案。最佳性能水平 $(q_{h,2}^*, q_{1,2}^*)$ 和利润 $E[\Pi]_2^*$ 从一阶最优条件中得出：

$$q_{h,2}^* = \left\{ \frac{(Q_h - E[(Q_h - D_h)^+])v_h}{\gamma[A + (Q_h E[k] - E[k(Q_h - D_h)^+])Cu_2]} \right\}^{\frac{1}{\gamma - 1}} \tag{3.14}$$

$$q_{1,2}^* = \left\{ \frac{(Q_1 - E[(Q_1 - D_1)^+])v_1 - (Q_h - E[(Q_h - D_h)^+])(v_h - v_1)}{\gamma[B - A + (Q_1 E[k] - E[k(Q_1 - D_1)^+])C]} \right\}^{\frac{1}{\gamma - 1}} \tag{3.15}$$

$$\begin{aligned}
E[\Pi]_2^* = & \frac{\gamma - 1}{\gamma} \cdot \left\{ \left[\frac{((Q_h - E[(Q_h - D_h)^+])v_h)^\gamma}{\gamma(A + (Q_h E[k] - E[k(Q_h - D_h)^+])Cu_2)} \right]^{\frac{1}{\gamma - 1}} + \right. \\
& \left. \left[\frac{((Q_1 - E[(Q_1 - D_1)^+])v_1 - (Q_h - E[(Q_h - D_h)^+])(v_h - v_1))^\gamma}{\gamma(P - A + (Q_1 E[k] - E[k(Q_1 - D_1)^+])C)} \right]^{\frac{1}{\gamma - 1}} \right\} + \\
& E[(Q_h - D_h)^+]s_h + E[(Q_1 - D_1)^+]s_1
\end{aligned} \tag{3.16}$$

3.2.3　A3：基于平台和组件共享的方法

如果制造商决定同时使用平台策略和组件共享策略开发两种产品，则目标函数为

$$E[\Pi]_3 = s_h E[(Q_h - D_h)^+] + (Q_h - E[(Q_h - D_h)^+])[(q_h - q_1)v_h + q_1 v_1] -$$
$$Q_h C q_h^\gamma (u_1 E[g] + u_2 E[k]) + C q_h^\gamma (u_1 E[g(Q_h - D_h)^+] +$$
$$u_2 E[k(Q_h - D_h)^+]) + s_1 E[g(Q_1 - D_1)^+] + (Q_1 - E[g(Q_1 - D_1)^+])q_1 v_1 -$$
$$Q_1 C q_1^\gamma (E[g] + E[k]) + C q_1^\gamma (E[g(Q_1 - D_1)^+] +$$
$$E[k(Q_1 - D_1)^+]) - A(q_h^\gamma + q_1^\gamma) - (P - 2A - B)q_p^\gamma - (B - 2A - P)q_{cs}^\gamma$$

$$(3.17)$$

对于平台 q_p，如果 $P > 2A + B$，$q_p = 0$，则不采用平台；如果 $P < 2A + B$，则 $q_p = q_1$。对于共享组件 q_{cs}，本章假设 $B < 2A + P$ 和 $q_{cs} = q_1$，这意味着组件共享始终可以带来积极的经济利益，而是否建设平台则取决于平台的制造和设计成本。

根据一阶最优条件得出最佳性能水平 $(q_{h,3}^*, q_{1,3}^*)$ 和利润 $E[\Pi]_3^*$：

$$q_{h,3}^* =$$
$$\left\{ \frac{(Q_h - E[(Q_h - D_h)^+])v_h}{\gamma[A + C(Q_h(u_1 E[g] + u_2 E[k]) - u_1 E[g(Q_h - D_h)^+] - u_2 E[k(Q_h - D_h)^+])]} \right\}^{\frac{1}{\gamma-1}}$$

$$(3.18)$$

$$q_{1,3}^* =$$
$$\left\{ \frac{(Q_1 - E[(Q_1 - D_1)^+])v_1 - (Q_h - E[(Q_h - D_h)^+])(v_h - v_1)}{\gamma[-3A + C(Q_1(E[g] + E[k]) - E[g(Q_1 - D_1)^+] - E[k(Q_1 - D_1)^+])]} \right\}^{\frac{1}{\gamma-1}}$$

$$(3.19)$$

$$E[\Pi]_3^* = \frac{\gamma - 1}{\gamma} \cdot$$

$$\left\{ \left[\frac{((Q_h - E[(Q_h - D_h)^+])v_h)^\gamma}{\gamma(A + C(Q_h(u_1 E[g] + u_2 E[k]) - u_1 E[g(Q_h - D_h)^+] - u_2 E[k(Q_h - D_h)^+]))} \right]^{\frac{1}{\gamma-1}} + \right.$$

$$\left. \left[\frac{((Q_1 - E[(Q_1 - D_1)^+])v_1 - (Q_h - E[(Q_h - D_h)^+])(v_h - v_1))^\gamma}{\gamma(-3A + C(Q_1(E[g] + E[k]) - E[g(Q_1 - D_1)^+] - E[k(Q_1 - D_1)^+]))} \right]^{\frac{1}{\gamma-1}} \right\} +$$

$$E[(Q_h - D_h)^+]s_h + E[(Q_1 - D_1)^+]s_1$$

$$(3.20)$$

3.2.4　A4：独立开发产品的方法

当制造商决定单独开发两种产品，此时没有平台策略或组件共享策略，因此 $q_p = 0, q_{cs} = 0$。在这种情况下，规模经济 $E[g] = 1, E[k] = 1$，设计不足系数 $u_1 = 1, u_2 = 1$。

最佳性能水平 $(q_{h,4}^*, q_{1,4}^*)$ 和利润 $E[\Pi]_4^*$ 由一阶最优条件得出：

$$q_{h,4}^* = \left\{ \frac{(Q_h - E[(Q_h - D_h)^+])v_h}{\gamma[A + (Q_h - E[(Q_h - D_h)^+])C]} \right\}^{\frac{1}{\gamma-1}} \tag{3.21}$$

$$q_{1,4}^* = \left\{ \frac{(Q_1 - E[(Q_1 - D_1)^+])v_1 - (Q_h - E[(Q_h - D_h)^+])(v_h - v_1)}{\gamma[A + (Q_1 - E[(Q_1 - D_1)^+])C]} \right\}^{\frac{1}{\gamma-1}} \tag{3.22}$$

$$E[\Pi]_4^* = \frac{\gamma-1}{\gamma} \cdot \left\{ \left[\frac{((Q_h - E[(Q_h - D_h)^+])v_h)^\gamma}{\gamma(A + (Q_h - E[(Q_h - D_h)^+])C)} \right]^{\frac{1}{\gamma-1}} + \right.$$
$$\left. \left[\frac{((Q_1 - E[(Q_1 - D_1)^+])v_1 - (Q_h - E[(Q_h - D_h)^+])(v_h - v_1))^\gamma}{\gamma(A + (Q_1 - E[(Q_1 - D_1)^+])C)} \right]^{\frac{1}{\gamma-1}} \right\} +$$
$$E[(Q_h - D_h)^+]s_h + E[(Q_1 - D_1)^+]s_1 \tag{3.23}$$

3.3　数值实验

本节将分析四种生产设计的方法及特定方法适用的具体条件。尽管前面几节中提出的公式是通用的，但是为了获得确定的结果并提供不同方法的最优值的相关分析，参考克里希南等的研究，本节假设 $\beta = \gamma = 2$。

由于上述模型中包含多个参数，解析解无法通过直接比较数学公式得到结果，判断四种方案的优劣。本节通过数值实验比较结果，并使用图形分析得出必要的结论。

表3.2中给出了常数参数的值。

表 3.2　常数参数的值

参数	Q_h	Q_1	v_h	v_1	C	A	B	P	s_h	s_1	u_1	u_2
值	1300	2000	45.5	25.5	0.3	180	300	360	20	18	0.9	0.9

随着诸如手机、平板计算机等个性化定制产品快速迭代更新，通常无法获得新产品的准确数据，难以获得有关消费者需求的准确信息。此外，由于制造商在新设计的平台上没有节省成本的数据，所以在平台投入使用之前规模经济尚不确定。在上述情况下，由于缺乏大量精确的数据，客户需求和规模经济存在不确定性。为了提高基于平台或组件共享生产的鲁棒性，模型中考虑使用不确定理论。假设客户的需求为正态不确定变量。高端产品需求量 D_h 和低端产品需求量 D_1 具有正态

不确定分布，分别表示为 $D_h \sim N(e_h, \sigma_h)$，$D_1 \sim N(e_1, \sigma_1)$，其中 e_h、e_1、σ_h、σ_1 是实数（$\sigma_h > 0, \sigma_1 > 0$）。假定平台的规模经济水平 g 和组件共享的规模经济水平 k 为"之"字形不确定变量，其中 $g \sim L(a_1, b_1, c_1)$，$k \sim L(a_2, b_2, c_2)$。其中，参数 b_1、b_2 分别代表 g、k 最有可能的值。

表 3.3 中列出了不确定变量的分布函数。

表 3.3　不确定变量的分布函数

不确定变量	分布	期望值
D_h	$N(1\,000,\ 100)$	1 000
D_1	$N(1\,500,\ 150)$	1 500
g	$L(0.5,\ 0.8,\ 1)$	0.775
k	$L(0.5,\ 0.89,\ 1)$	0.820

在得到所有参数值后，模型的计算结果见表 3.4。

表 3.4　模型的最优解

模型	A1	A2	A3	A4
q_h	61.72	59.78	38.49	49.66
q_1	17.23	18.47	38.44	14.40
$E[\Pi]$	1 768 130.13	1 729 952.52	1 373 434.01	1 428 214.67

从四个模型 A1、A2、A3 和 A4 的结果可以看出，A3 的期望利润最低。造成此现象有以下两个原因。首先，如果制造商决定同时使用平台和组件共享策略开发两种产品，则性能水平 $q_{h,3}^*$ 和 $q_{1,3}^*$ 过于接近。因此，高端产品和低端产品的价格几乎相同，由于价格歧视，企业无法从高端产品中获得额外的收益。其次，由于本节将 $E[g]$、$E[k]$ 的值设置为接近 1，规模经济的影响并不明显。因此，A3 的优点没有显示出来。在后面的数值实验中，本节将更改 $E[g]$、$E[k]$ 的值以显示 A3 何时最优。

本节考虑了四个参数，分别是 $g \sim L(0.5, b_1, 1)$ 中的 b_1，$k \sim L(0.5, b_2, 1)$ 中的 b_2，以及 u_1 和 u_2。数值实验的目标是找到六个变量（如果该变量在模型中）之间的平衡，以最大限度地提高企业的盈利能力。本节将分析分别改变六个参数后模型期望利润的变化。通过描述每个模型中利润随着不同参数单独变化的趋势，分析参数在哪个范围内应该选择哪种方法生产产品。

首先关注规模经济 g 和 k 对模型结果的影响。保持 $k \sim L(0.5, 0.89, 1)$ 不变，并将分布 $g \sim L(0.5, b_1, 1)$ 中的系数 b_1 的值从 0.5 持续变为 0.99，四个模型的利润随之变化。图 3.1 所示为四个模型的结果变化。

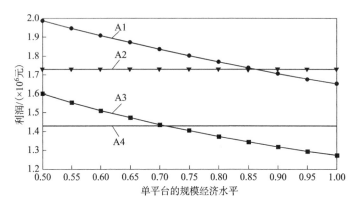

图 3.1　四个模型的利润随 b_1 值的改变 $[g \sim L(0.5, b_1, 1)]$

尽管利润随着 b_1 值的增大而减少，但是 A1 对制造商来说仍然是最佳的方法，直到 b_1 的值变为 0.86。如果进一步增大 b_1 的值，即使 A2 独立于 b_1，其利润也最高。由于企业无法确定 g 的值，必须通过估计 g 的不确定分布确定最优方法。如果企业无法通过大规模生产将规模经济水平 g 降低至 0.86，则应该选择共享组件的生产方案。应当注意到，图 3.1 中四种模型的利润趋势取决于所考虑的数据集，因此利润也取决于 k 的期望值，如果 k 的实际值大于假定值，应采用 A1，否则 A2 对于制造商来说更有利可图。

在图 3.2 中，保持分布 $g \sim L(0.5, 0.8, 1)$ 不变，改变分布 $k \sim L(0.5, b_2, 1)$ 中系数 b_2 的值，求解模型的结果。与 g 的情况类似，b_2 的值从 0.5 增大到 1。由于 b_2 是不确定分布 $k \sim L(0.5, b_2, 1)$ 的系数，其仅用于组件共享，只会影响 A2 和 A3 两种模型，不影响 A1 和 A4。图 3.2 中清楚地表明了哪种方法最适合制造商。

图 3.3 中对 g、k 的变化进行了深入研究，描述了制造商在给定的 b_1（X 轴）和 b_2（Y 轴）组合下应采用的最优方案。对于一组特定的 b_1 和 b_2 值，不同方法的最大利润在不同的区间，当企业了解规模经济 g 和 k 的分布时，就可以选择适当的方法进行生产决策。

图 3.4～图 3.6 显示了当 $g \sim L(0.5, b_1, 1)$ 中的系数 b_1 和 $k \sim L(0.5, b_2, 1)$ 中的系数 b_2 分别沿 X 和 Y 轴变化时，Z 轴上各种利润函数之间的差异。在图 3.4 中，$Z = 0$ 以上的 b_1、b_2 值表明 A1 的利润最高。在图 3.5 中，已知 A1 在 $b_2 = 1$、

$b_1 = 0.5$ 时比 A3 可获得更高的利润。在图 3.6 中，在 $Z = 0$ 以上的 b_1、b_2 取值范围内，A2 比 A3 更有利可图。因此，模型需要找到在 g 和 k 的取值范围内最优的配置方案。通过合并图 3.4～图 3.6 中 $Z = 0$ 时的三个曲面，获得二维图，如图 3.3 所示。在图 3.3 中，企业可以明显地发现在 (g, k) 的取值组合中哪种方法最优。

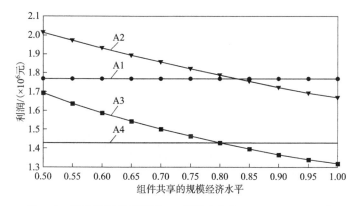

图 3.2　四种模型的利润随 b_2 值的改变 $[k \sim L(0.5, b_2, 1)]$

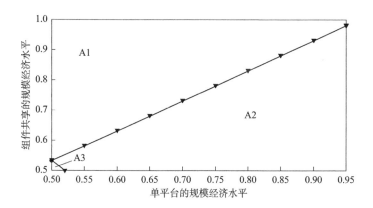

图 3.3　在 $b_1 \sim g \sim L(0.5, b_1, 1)$ 和 $b_2 \sim k \sim L(0.5, b_2, 1)$ 的区间内的最优模型

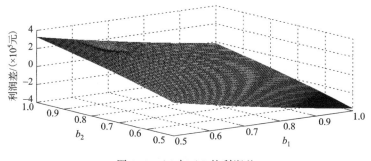

图 3.4　A1 与 A2 的利润差

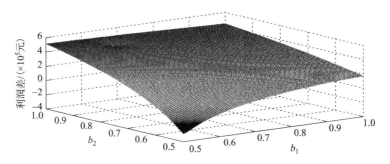

图 3.5　A1 与 A3 的利润差

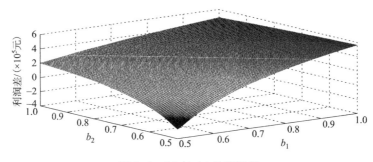

图 3.6　A2 与 A3 的利润差

设计不足系数 u_1 和 u_2 对四种方案的利润也有影响。图 3.7 展示了在平台上改变设计不足系数 u_1 的值对各种方法的影响。A2 和 A4 与平台的设计不足系数无关，因此它们不会随 u_1 改变。显然，当 u_1 增加时，A1 和 A3 的利润会减少。从图 3.7 中可以看到，当 u_1 的值小于 0.93 时，制造商从 A1 中受益最大，否则应采用 A2。

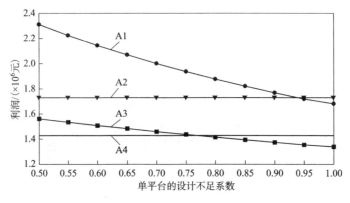

图 3.7　不同 u_1 情况下模型的结果

图 3.8 展示了组件共享的设计不足系数 u_2 与利润之间的关系。在这种情况下，A1 和 A4 与 u_2 无关，因此其利润不随 u_2 的变化而变化。其结论类似于图 3.7。显然，当 u_2 的值小于 0.86 时，制造商从 A2 中受益最大，否则应采用 A1。

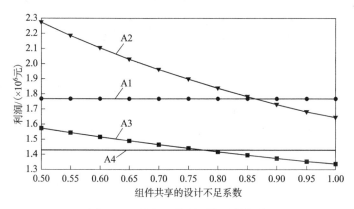

图 3.8　不同 u_2 情况下模型的结果

3.4　小　　结

本章主要研究了当客户需求和规模经济存在不确定性时，如何以四种不同方法为依据，对产品系列进行优化的设计调整。本章将建立的模型应用于数值实验，并分析了各种参数对利润的影响。由于最优解的复杂性，无法通过解析解分析比较四种方案。通过数值实验进行模型敏感性分析，得出如下结果：

1）尽管将平台和组件共享相结合的方法可能会带来产品系列的最大化利润，但与单独应用这两种方法相比，可获利的参数范围有限。但是，其比独立开发方法更有利可图。

2）根据所考虑的数据集，企业可以在各种参数 (k, g, u_1, u_2) 的取值范围内利用四种产品设计方法（A1,A2,A3,A4）建立最有利可图的产品系列。

基于以上发现，本章的模型可用于开发不确定环境下的新产品系列。在这种情况下，制造商可以使用不确定理论估计数据集和参数的信度分布。制造商在获得所涉及参数的范围之后，可以轻松地选择最佳方案开发产品系列。

在未来的研究中，本章的模型不仅限于只有两类产品的产品系列。此外，也可以将单平台策略扩展到模块化平台和多平台模块化策略。产品的性能成本函数和设计不足系数可以由更复杂和适当的函数描述。

第4章 考虑外包策略的产品模块化设计与生产决策优化

产品平台设计广泛应用于生产制造当中，并且在提供个性化定制生产时非常有效。该策略可帮助制造商了解客户的喜好和需求，提出与产品相关的规则，构建理论模型，选择替代组件和模块。产品平台设计主要有两个方向：单平台设计和模块化设计。第3章详细讨论了如何结合单平台和组件共享策略改善单平台策略的不足，本章将在产品配置中采用更加灵活的模块化设计。目前大多数产品模块化设计与生产决策研究中未充分考虑不确定性（如响应时间的不确定性）。为了补充这方面的研究，本章提出了一种新的不确定产品配置模型。该模型基于不确定的响应时间和对时间敏感的需求函数，利用不确定理论将模型转化为确定的模型。此外，本章探索了不确定的响应时间和外包策略之间的关系，并使用 CPLEX 12.8 求解不确定的混合整数规划模型。在一系列数值实验中，可以发现利润和采购策略对不确定的交货时间很敏感，而外包策略则可以帮助制造商减少不确定因素引起的损失。

4.1 问题背景

在当今瞬息万变的市场中，消费者需求越来越受到企业的关注。为了获得更多利润，制造商开始设计多样化的产品，以满足不同客户群体的个性化需求。基于这种发展趋势，采用通用平台或模块的策略开始在产品配置中流行起来。这种策略已经取代了传统的生产方式（产品独立生产）。由多种产品组成的产品系列可以以低成本满足客户的多样性需求（Khalaf et al.，2011）。

个性化定制是使用灵活的制造系统生产具有大规模生产特性的各种产品（Khalaf et al.，2011），它在提高企业竞争力方面发挥了重要作用。目前，学者们已经提出了几种策略帮助制造商生产大量定制产品，同时保持低成本。其中，产品模块化设计是最受欢迎的方法之一。它的定义是，从预定义的组件目录中选择组件（通用组件和变体组件），并利用配置规则将它们组装成个性化产品，以满足客户要求（Fogliatto et al.，2012）。

通用的产品模块化设计已被广泛研究。从生产的角度来看，产品模块化配置很难管理，主要是因为存在以下两个挑战。第一，很难提供可行的配置。米塔尔等（Mittal et al.，1989）提出了两个重要的概念——功能体系结构和每个功能的关键组件，以降低产品配置的复杂性，并满足基本功能规则，从而有效地解决问题。此外，学者们提出了许多配置范例，如基于规则的推理（Mc Dermott，1982）、基于模型的推理（Sabin et al.，1998）、基于案例的推理（Tseng et al.，2005）等。基于以上配置范例，许多研究人员考虑到产品的复杂性给制造商增加了诸多限制，如组件的物理限制和资源限制等（Krishnan et al.，2001；Sköld et al.，2012；Tsang，2014；Goswami et al.，2015；Suryakant et al.，2015）。第二，产品配置是否成功取决于是否满足客户需求。因此，重要的是要对客户的需求有清晰的了解，以便为他们提供合适的产品配置计划（Chen et al.，2009；Suryakant et al.，2015）。客户需求和产品设计相结合的典型建模方法包括基于并行工程环境的决策支持系统（Frutos et al.，2004）、基于案例推荐与配置技术的集成（Tiihonen et al.，2010；Falkner et al.，2011）、将交互性和优化相结合的两步法（Pitiot et al.，2013；Pitiot et al.，2014）。

现有大多数模块化设计研究都是在确定的环境中进行的，假设配置参数是确定的，如预定义的客户需求（Zhang et al.，2010；Baud-Lavigne et al.，2016）和确定的交货时间（Khalaf et al.，2011；Pitiot et al.，2013；Pitiot et al.，2014；Baud-Lavigne et al.，2016；Yang et al.，2018）。目前的研究尚未充分考虑不确定性对产品模块化配置的影响。实际上，产品配置在高度不确定的环境中进行。例如，由于设计复杂性、交通状况、资源限制等，从接收客户需求到交付的交货时间不确定等。

响应时间的不确定性已在库存策略和供应链领域得到广泛研究。大多数研究表明，响应时间的不确定性对库存政策（Song et al.，2021；Ahalawat et al.，2012）、库存成本（Kumar，1989；Hsu et al.，2007；Sarkar et al.，2020）和供应链结构（Wang et al.，2007；Diabat et al.，2017）有显著影响。此外，大多数学者通过历史数据预测响应时间的概率分布，针对响应时间的不确定性建模（Kumar，1989；Hsu et al.，2007；Wang et al.，2007；Song et al.，2021；Ahalawat et al.，2012；Diabat et al.，2017；Sarkar et al.，2020）。但是，如果统计数据不可靠或不可用，随机模型可能不是最佳选择。如今，由于产品生命周期缩短和要提高创新率,响应时间的不确定性很难被准确测量。统计信息的收集也变得越来越不可靠(Fisher,1997)。不确定理论为处理响应时间的不确定性提供了另一种方法。本章将利用不确定理论针对响应时间的不确定性建模。该模型可为统计数据不可靠的产品或新产品的开发提供新的不确定产品平台设计模型。响应时间被定义为具有相关不确定分布的不确定变量。本章根据不确定理论将不确定模型转换为清晰的确定性等价类,并使用求解器 CPLEX 12.8 求解上述模型,获得产品平台最优配置。

在一系列数值实验中,笔者发现响应时间的不确定性对产品配置有不利影响,当前确定环境下的产品平台设计模型可能无法很好地处理上述问题。因为当不确定发生时,最佳确定环境下的产品配置可能会失效(Rahdar et al.,2018;Yang et al.,2018)。因此,制造商面临的挑战是如何应对产品平台设计中存在的不确定性。

本章还将考虑产品平台设计中不确定的响应时间和外包策略之间的关系。外包策略是制造业生产环节的重要组成部分,许多学者已经在零件采购、产品质量、单位成本等方面进行了研究(Xiao et al.,2014;Liu et al.,2017)。外包策略会影响供应链总成本(Lee et al.,2012)、产品多样性和运营表现(Salvador et al.,2002)、需求和运营差异(Hahn et al.,2016)及供应链敏捷性(Mason et al.,2002)。但是,很少有研究考虑产品平台设计中外包策略和响应时间的权衡。外包的优点是缩短制造商的响应时间,本章假设外部供应商的价格高于企业制造的成本,从而导致边际成本提高,并针对该模型进行数值实验。这些实验将讨论配置参数(如不确定的响应时间、截止日期)如何影响制造商对组件外包或内包的决策。本章要解决的问题如下:

1)响应时间的不确定性会对制造商利润产生影响吗?

2)外包策略是否可以帮助制造商减少响应时间不确定性带来的损失?该策略可以减少多少由于响应时间不确定性而造成的损失?

3)哪些关键因素影响制造商决定采用外包策略?

4.2 问 题 描 述

本章基于以下问题研究背景。马达制造商收到多个客户订单,要求设计一个产品系列。该产品系列通过选择通用和变体组件生产定制产品。由于生产能力有限，制造商不能自己生产所有组件，而必须从其他供应商那里购买某些组件。因此，该制造商需要决定要生产哪些组件及要购买哪些组件。此外，该制造商有责任将所有组件设计并组装到最终产品中，以满足个性化的客户要求和所有配置规则，如选择规则、不兼容规则和端口连接规则等。在这种个性化定制过程中，首先由客户预定产品的类型和数量，然后制造商决定应将哪些组件预先组装为模块。同时，制造商应确保从收到客户订单到交货的响应时间不迟于最后期限。在模型构建之前，先讨论产品配置规则的基本概念。

为了阐明产品配置的概念，图 4.1 中描述了一个马达配置案例，图 4.2 中显示了其概念模型。从图 4.2 中可以看出，马达最多包含 6 个模块和 12 个组件。马达配置的概念模型以"与/或"逻辑表示，马达由通用和可选择的组件组成。例如，通用模块包括磁铁，而可选择的模块包括外壳、前弹簧片、后弹簧片和托架。此外，每个模块都有其相应的备用组件。例如，前弹簧片模块可以选择两种不同的组件，即一体式弹簧片和分体式弹簧片。

为了实现高效的马达配置，制造商必须选择所有表示为"和"结构约束的通用组件，并从变体模块中选择一个表示为"或"结构约束的组件。除了以上两个结构约束之外，不同组件和模块之间还存在配置规则。在工业领域，主要有三个规则，即选择规则（selection rule）、不兼容规则（incompatible rule）和端口连接规则（port-connection rule）。

这些规则将组件的可能组合限制为仅包含有效配置的组合。选择规则指定两种类型组件之间的关系，即配置中一种类型的组件必须在同一配置中装配另一种类型的组件（Yang et al.,

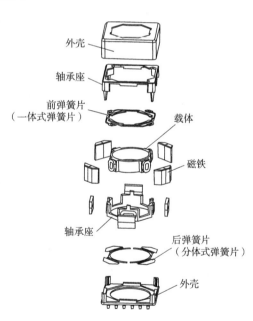

图 4.1　马达装配示意图

2012）。例如，使用外壳-1 必须满足在配置中的前弹簧片模块中使用一体式弹簧片。不兼容规则表示某些类型的组件无法在同一配置中一起使用，因为它们不兼容。例如，后弹簧片模块中的分体式弹簧片与载体-3 不兼容。端口连接规则规定了哪种类型的组件应与另一种类型的组件进行物理连接，以确保产品的可靠性。例如，由于外壳-1较重且必须有一些支撑以使其保持稳定，按照端口连接规则，外壳-1应与轴承座支撑连接。

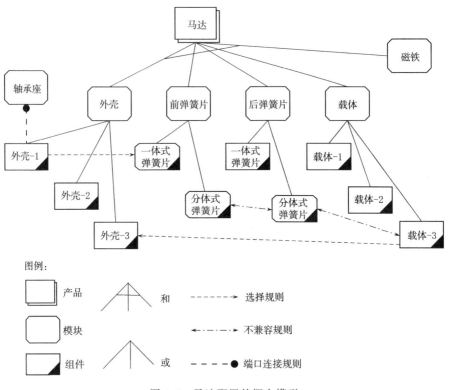

图 4.2 马达配置的概念模型

马达模型的配置规则在表 4.1 中列出。例如，载体-3 要求与外壳-3 在同一配置中，而载体-3 与后弹簧片模块中的分体式弹簧片不兼容。假设订单要求在前后弹簧片模块中都需要载体-3 和一体式弹簧片，则存在一个有效的配置，其中包括 {外壳-3，前一体式弹簧片，后一体式弹簧片，载体-3，磁铁}。这个产品配置满足客户的需求及表 4.1 中从 R1 到 R5 的所有规则。

表 4.1　马达配置规则

规则编号	规则类型	含义
R1	选择规则	外壳-1 需要与前一体式弹簧片在同一配置中
R2	选择规则	载体-3 需要与外壳-3 在同一配置中
R3	不兼容规则	前分体式弹簧片和后分体式弹簧片在同一配置中不兼容

规则编号	规则类型	含义
R4	不兼容规则	后分体式弹簧片和载体-3 在同一配置中不兼容
R5	端口连接规则	外壳-1 需要和轴承座连接

在不确定的环境下，制造商面临缩短响应时间的挑战。在大多数研究中，模型假定制造商必须生产所有必需的组件并将其组装成最终产品。有限的生产能力将导致产品的交付延迟，这会对制造商的利润产生不利影响。这是因为，交付产品的需求数量受交付时间的影响很大，尤其是对于手机和其他电子产品而言。因此，本章假定制造商可以从供应商那里购买某些类型的组件，而不是自己生产这些组件。采用这种外包策略，从客户订单到达到产品交付的总时间 t 减少，而市场需求 D_i 增加。因此，在模型中，市场需求 D_i 随着总时间 t 的增加而减少，其中

$$D_i = d - bp_i - ct \qquad (4.1)$$

表 4.2～表 4.4 中列出了本章不确定产品模型中使用的索引、集合和参数。在表 4.3 中，假定 **CJ** 中的核心组件无法外包。其原因是，制造商通常会自己生产核心组件而将非核心组件外包给供应商。实际上，哪些组件可以外包受制造商业务策略的限制。因此，本章增加了组件是否可以外包的约束。

表 4.2　产品配置优化模型中的索引

索引	含义	索引	含义
i	产品 $i \in \boldsymbol{I}$	n	模块 $n \in \boldsymbol{N}$
j, h, l	组件 $j, h, l \in \boldsymbol{J}$		

表 4.3　产品配置优化模型中的集合

集合	含义	集合	含义
$\boldsymbol{I}$	产品集合	**RER**	选择集合 (h, l)，表示组件 h 和 l 需要在同一配置中
$\boldsymbol{J}$	组件集合	**INR**	不兼容集合 (h, l)，表示组件 h 和 l 不能在同一配置中
$\boldsymbol{N}$	模块集合	**QUR**	端口集合 (h, l)，表示组件 h 必须和组件 l 相连
CJ	不能外包的核心组件集合	**REQY**	集合 (i, j)，表示顾客需要组件 j 在产品 i 中

集合	含义	集合	含义
SC_n	属于模块 n 的组件集合	REQN	集合 (i,j)，表示顾客不需要组件 j 在产品 i 中

表 4.4　产品配置优化模型中的参数

参数	含义	参数	含义
d	预测产品 i 的市场总需求	t_b	制造商从供应商处接收模块的时间
b	产品 i 的价格需求弹性	T	所有产品的最长交货期限
c	产品 i 的响应时间需求弹性	u_{ij}	产品 i 中包含的组件 j 的数量
e	交货成本系数	c_j^p	制造商生产组件 j 的单位成本
r	惩罚成本系数	c_j^b	外包组件 j 的单位成本
A	设计成本	c_j^a	产品 i 中组件 j 的组装成本
D_i	产品 i 的市场需求	m_p	制造组件的准备时间
p_i	产品 i 的销售价格	m_b	外包时间系数
t	从客户订单到达到产品交付的总时间	M	一个足够大的实数

图 4.3 中展示了产品配置过程的时间组成。从图 4.3 中可以看出，总时间 t 包括设计时间、制造时间 t_p、接收外包组件的时间 t_b、组装时间和交货时间。在产品配置过程中，制造商生产组件和接收外包组件是同时进行的，因此总时间 $t = t_r + \max(t_b, t_p) = t_r + t_b + (t_p - t_b)^+$，其中 t_r 为产品配置过程中的设计、组装和交付时间。t_r 是不确定变量。假设供应链可能会因不确定的交货周期而遭受不确定性带来的损失。设计、制造和组装时间取决于产品系列的复杂性、工人的效率，因此从接收客户订单到交货的总时间是不确定的。因此，制造时间 t_p 是不确定变量，$t_p = m_p + \mu \sum_{j=1}^{J} n_j^p$，其中 μ 为生产时间系数，是不确定参数，m_p 是生产初始时间，是一个常量。m_p 是常量的原因是制造商通常具有丰富的经验和详细的生产准备计划，因此在此期间的不确定性几乎可以忽略不计（Khalaf et al.，2011；Pitiot et al.，2013；Baud-Lavigne et al.，2016）。假设供应商经常向许多制造商供应组件，他们具有历史数据，并且能够根据合同准时交付组件，因此本章假设 t_b 是在外部购买的组件数量的函数，是一个确定性的参数，即 $t_b = m_b \sum_{j=1}^{J} n_j^b$。不确定参数见表 4.5。

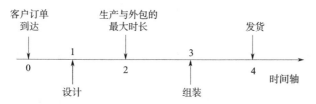

图 4.3　产品配置过程

表 4.5　不确定参数

参数	含义	参数	含义
t_r	设计、组装和交付时间	μ	生产时间系数

在产品配置过程中，制造商必须考虑响应时间的不确定性决定选择生产组件或者外包组件。本章有五个决策变量。决策变量 x_{ij} 是一个二元变量，如果在产品 i 中选择了组件 j，则 $x_{ij}=1$，否则 $x_{ij}=0$；y_j^b 也是一个二元变量，如果组件 j 是外包组件，则 $y_j^b=1$，否则 $y_j^b=0$；对于制造组件 y_j^p 也是类似的情况。此外，模型还必须求解生产的组件数量 n_j^p 和外包的组件数量 n_j^b。决策变量在表 4.6 中列出。

表 4.6　决策变量

决策变量	含义
x_{ij}	二元变量，如果产品 i 中包含组件 j，$x_{ij}=1$
y_j^b	二元变量，如果组件 j 外包，$y_j^b=1$
y_j^p	二元变量，如果组件 j 自己生产，$y_j^p=1$
n_j^b	外包购买的组件 j 的数量
n_j^p	制造商生产的组件 j 的数量

产品配置步骤和每个步骤中发生的成本如下。

第 1 步：根据客户要求设计产品，并确定要生产的组件或模块及要购买的组件或模块。设计成本假定为常数 A。

第 2 步：从供应商处接收组件（外包）并完成组件组装。组件外包成本为 $\sum_{j=1}^{J} n_j^b c_j^b$，生产成本为 $\sum_{j=1}^{J} n_j^p c_j^p$。

第 3 步：组装产品，组装成本为 $\sum_{i=1}^{I}\sum_{j=1}^{J} c_j^a u_{ij} x_{ij}$。

第 4 步：将组装好的产品交付给客户，交付成本为 $\sum_{i=1}^{I} e D_i$。

此外，如果总时间超过交付客户的最长交货期，即 $t \geqslant T$，制造商将受到惩罚，惩罚成本为 $r(t-T)^+$。

本节在模型中不考虑有关通用组件的决策，因为在每个产品中都必须选择它们。此外，本章提出以下四个假设。

假设1：制造商面临的市场需求取决于产品价格和交货时间。假定市场需求与产品价格和客户交货时间负相关。需求随着产品价格的提高而减少，随着交货时间的延长而减少。

假设2：如果制造商未能按时交货，则将受到惩罚，并且惩罚成本会随着时间而增加。

假设3：为了强调本章关注的问题，模型着重于生产过程中产生的特定成本。假设总成本为设计成本、制造成本、外包成本、组装成本、交付成本和惩罚成本的总和。

假设4：外部购买组件的单位成本高于制造商自己制造的成本，原因是制造商支付了外包制造商的利润差价和额外的运输费用等。

4.3 模 型 构 建

本章提出的不确定环境下产品模块化设计与生产决策模型是为了最大化预期的总利润，即总收入减去总成本。总收入来自产品的销售，总成本包括设计成本、外包成本、制造成本、组装成本、交付成本及最后超期的罚款。目标函数的第一项代表预期收益，后六项分别代表设计成本、制造成本、外包成本、组装成本、交付成本和罚款成本。目标函数为 $\sum_{i=1}^{I} D_i p_i - A - \sum_{j=1}^{J}(n_j^p c_j^p + n_j^b c_j^b) - \sum_{i=1}^{I} \sum_{j=1}^{J} c_j^a u_{ij} x_{ij} - \sum_{i=1}^{I} D_i e - r(t-T)^+$。

将式（4.1）代入上式，合并相似同类项，得到以下目标函数：

$$\sum_{i=1}^{I}(d - bp_i - ct)(p_i - e) - r(t-T)^+ - A -$$
$$\sum_{j=1}^{J}(n_j^p c_j^p + n_j^b c_j^b) - \sum_{i=1}^{I} \sum_{j=1}^{J} c_j^a u_{ij} x_{ij}$$

因此，不确定响应时间的产品配置模型为

$$\max \sum_{i=1}^{I}(d - bp_i - ct)(p_i - e) - r(t-T)^+ - A -$$
$$\sum_{j=1}^{J}(n_j^p c_j^p + n_j^b c_j^b) - \sum_{i=1}^{I} \sum_{j=1}^{J} c_j^a u_{ij} x_{ij} \tag{4.2}$$

s. t.

$$\sum\nolimits_{j \in \mathbf{sc}_n} x_{ij} = 1, \quad i \in \boldsymbol{I}, n \in \boldsymbol{N} \tag{4.3}$$

$$x_{ih} \leqslant x_{il}, \quad i \in \boldsymbol{I}, (h, l) \in \mathbf{RER} \tag{4.4}$$

$$x_{ih} + x_{il} \leqslant 1, \quad i \in \boldsymbol{I}, (h, l) \in \mathbf{INR} \tag{4.5}$$

$$x_{ih} \leqslant x_{il}, \quad i \in \boldsymbol{I}, (h, l) \in \mathbf{QUR} \tag{4.6}$$

$$x_{ij} = 1, \quad (i, j) \in \mathbf{REQY} \tag{4.7}$$

$$x_{ij} = 0, \quad (i, j) \in \mathbf{REQN} \tag{4.8}$$

$$M\{n_j^{\mathrm{p}} + n_j^{\mathrm{b}} \geqslant \sum\nolimits_{i=1}^{I} D_i u_{ij} x_{ij}\} \geqslant \alpha, \quad \forall j \in \boldsymbol{J} \tag{4.9}$$

$$n_j^{\mathrm{p}} + n_j^{\mathrm{b}} \leqslant M \sum\nolimits_{i=1}^{I} x_{ij}, \quad \forall j \in \boldsymbol{J} \tag{4.10}$$

$$y_j^{\mathrm{b}} \leqslant n_j^{\mathrm{b}}, \quad \forall j \in \boldsymbol{J} \tag{4.11}$$

$$n_j^{\mathrm{b}} \leqslant M y_j^{\mathrm{b}}, \quad \forall j \in \boldsymbol{J} \tag{4.12}$$

$$y_j^{\mathrm{p}} \leqslant n_j^{\mathrm{p}}, \quad \forall j \in \boldsymbol{J} \tag{4.13}$$

$$n_j^{\mathrm{p}} \leqslant M y_j^{\mathrm{p}}, \quad \forall j \in \boldsymbol{J} \tag{4.14}$$

$$y_j^{\mathrm{b}} + y_j^{\mathrm{p}} \leqslant \sum\nolimits_{i=1}^{I} x_{ij}, \quad \forall j \in \boldsymbol{J} \tag{4.15}$$

$$y_j^{\mathrm{b}} + y_j^{\mathrm{p}} \leqslant 1, \quad \forall j \in \boldsymbol{J} \tag{4.16}$$

$$\sum\nolimits_{i=1}^{I} x_{ij} \leqslant M(y_j^{\mathrm{b}} + y_j^{\mathrm{p}}), \quad \forall j \in \boldsymbol{J} \tag{4.17}$$

$$y_j^{\mathrm{b}} = 0, \quad \forall j \in \mathbf{CJ} \tag{4.18}$$

$$x_{ij} = 0, 1, \quad \forall i \in \boldsymbol{I}, \forall j \in \boldsymbol{J} \tag{4.19}$$

$$y_j^{\mathrm{b}}, y_j^{\mathrm{p}} = 0, 1, \quad \forall j \in \boldsymbol{J} \tag{4.20}$$

$$n_j^{\mathrm{p}}, n_j^{\mathrm{b}} \geqslant 0, \quad \forall j \in \boldsymbol{J} \tag{4.21}$$

目标函数要求总利润最大化。约束（4.3）表示在可选择的模块中仅能选择一种类型的变量组件。约束（4.4）～约束（4.6）表示组件之间的选择规则、不兼容规则和端口连接规则。约束（4.7）、约束（4.8）确保定制的产品满足客户要求。在约束（4.9）中，α 是置信水平，该约束确保满足订单要求的组件总数不小于相应的置信水平 α。约束（4.10）确保该组件在产品配置中被选择后才能外包或生产。约束（4.10）和其后约束中的 M 是一个足够大的正数。约束（4.11）～约束（4.17）为每个组件定义二元变量 y_j^{b} 和 y_j^{p}。约束（4.18）表示如果一个组件属于核心组件集，该组件只能由制造商生产。约束（4.19）～约束（4.21）定义了决策变量。

由于目标函数中存在不确定变量，无法很好地描述上述模型。在不采用任何决策标准的情况下，优化不确定函数或将不确定函数的值与明确的数字进行比较是没有意义的。与第 3 章的处理方式相同，本章假定不确定函数的值可以通过其期望值自然地估算出来。利用不确定期望值模型（EVM），将上述模型化简为以下不确定期望值模型。其中，目标函数为

$$f(x_{ij}, y_j^{b}, n_j^{b}, n_j^{p}, y_j^{p}) = \sum_{i=1}^{I} (d - bp_i - ct)(p_i - e) - r(t - T)^{+} - A -$$
$$\sum_{j=1}^{J} (n_j^{p} c_j^{p} + n_j^{b} c_j^{b}) - \sum_{i=1}^{I} \sum_{j=1}^{J} c_j^{a} u_{ij} x_{ij}$$

显然，目标函数随着 t 的减小而减小，其中 $p_i - e > 0$。

假定 t_r 具有不确定逆分布 $\Phi_{t_r}^{-1}(\alpha)$，μ 具有不确定逆分布 $\Phi_{\mu}^{-1}(\alpha)$，$(t_p - t_b)^{+}$ 具有不确定逆分布 $\Phi_{(t_p - t_b)^{+}}^{-1}(\alpha)$。常数可以看作一个特殊的不确定变量，并且没有逆分布，因此实数 t_b 的不确定逆分布为 t_b。总时间 t 的不确定逆分布为 $\Psi_t^{-1}(\alpha) = \Phi_{t_r}^{-1}(\alpha) + t_b + \Phi_{(t_p - t_b)^{+}}^{-1}(\alpha)$。

不确定期望值模型的目标函数为

$$E[f(x_{ij}, y_j^{b}, n_j^{b}, n_j^{p}, y_j^{p})]$$
$$= \int_0^1 \left[\sum_{i=1}^{I} (d - bp_i - c\Psi_t^{-1}(1 - \alpha))(p_i - e) - r(\Psi_t^{-1}(1 - \alpha) - T)^{+} \right] d\alpha -$$
$$A - \sum_{j=1}^{J} (n_j^{p} c_j^{p} + n_j^{b} c_j^{b}) - \sum_{i=1}^{I} \sum_{j=1}^{J} c_j^{a} u_{ij} x_{ij}$$
$$= \sum_{i=1}^{I} (d - bp_i - c\int_0^1 \Psi_t^{-1}(1 - \alpha) d\alpha)(p_i - e) - r\int_0^1 (\Psi_t^{-1}(1 - \alpha) - T)^{+} d\alpha -$$
$$A - \sum_{j=1}^{J} (n_j^{p} c_j^{p} + n_j^{b} c_j^{b}) - \sum_{i=1}^{I} \sum_{j=1}^{J} c_j^{a} u_{ij} x_{ij}$$

令 $E[t] = \int_0^1 \Psi_t^{-1}(1 - \alpha) d\alpha = \int_0^1 (\Phi_{t_r}^{-1}(\alpha) + t_b + \Phi_{(t_p - t_b)^{+}}^{-1}(\alpha)) d\alpha = \int_0^1 \Phi_{t_r}^{-1}(\alpha) d\alpha + t_b + \int_0^1 \Phi_{(t_p - t_b)^{+}}^{-1}(\alpha) d\alpha$，$E[(t - T)^{+}] = \int_0^1 (\Psi_t^{-1}(1 - \alpha) - T)^{+} d\alpha$。最终，不确定期望值模型目标函数化简为

$$E[f(x_{ij}, y_j, n_j^{b}, n_j^{p})] = \sum_{i=1}^{I} (d - bp_i - cE[t])(p_i - e) - rE[(t - T)^{+}] -$$
$$A - \sum_{j=1}^{J} (n_j^{p} c_j^{p} + n_j^{b} c_j^{b}) - \sum_{i=1}^{I} \sum_{j=1}^{J} c_j^{a} u_{ij} x_{ij} \quad (4.22)$$

在约束（4.9）中，D_i 中包含不确定变量 t。本节需要将此约束转换为确定性等价类。首先，将其转化为标准不等式，即 $M\{\sum_{i=1}^{I} D_i u_{ij} x_{ij} - n_j^{p} - n_j^{b} \leqslant 0\} \geqslant \alpha, \forall j \in \boldsymbol{J}$。然后，将 t 代入 D_i 中，可得 $M\{\sum_{i=1}^{I} (d - bp_i - ct) u_{ij} x_{ij} - n_j^{p} - n_j^{b} \leqslant 0\} \geqslant \alpha$，

$\forall j \in \boldsymbol{J}$。显然，$t$ 随着约束函数的减小而减小。假定 α 是预定的置信水平（即制造和外包中的组件总数不小于需求总数的可信度）。约束（4.9）转换为以下形式：

$$\sum_{i=1}^{I} \left[d - b p_i - c \boldsymbol{\Psi}_t^{-1} (1 - \alpha) \right] u_{ij} x_{ij} - n_j^{\mathrm{p}} - n_j^{\mathrm{b}} \leqslant 0 \tag{4.23}$$

根据现有推导，不确定期望值模型如下：

$$\max \sum_{i=1}^{I} (d - b p_i - c E[t])(p_i - e) - r E[(t - T)^+] -$$

$$A - \sum_{j=1}^{J} (n_j^{\mathrm{p}} c_j^{\mathrm{p}} + n_j^{\mathrm{b}} c_j^{\mathrm{b}}) - \sum_{i=1}^{I} \sum_{j=1}^{J} c_j^{\mathrm{a}} u_{ij} x_{ij} \tag{4.24}$$

s. t.

$$\sum_{j \in \mathbf{sc}_n} x_{ij} = 1, \quad i \in \boldsymbol{I}, n \in \boldsymbol{N} \tag{4.25}$$

$$x_{ih} \leqslant x_{il}, \quad i \in \boldsymbol{I}, (h, l) \in \mathbf{RER} \tag{4.26}$$

$$x_{ih} + x_{il} \leqslant 1, \quad i \in \boldsymbol{I}, (h, l) \in \mathbf{INR} \tag{4.27}$$

$$x_{ih} \leqslant x_{il}, \quad i \in \boldsymbol{I}, (h, l) \in \mathbf{QUR} \tag{4.28}$$

$$x_{ij} = 1, \quad (i, j) \in \mathbf{REQY} \tag{4.29}$$

$$x_{ij} = 0, \quad (i, j) \in \mathbf{REQN} \tag{4.30}$$

$$\sum_{i=1}^{I} \left[d - b p_i - c \boldsymbol{\Psi}_t^{-1} (1 - \alpha) \right] u_{ij} x_{ij} - n_j^{\mathrm{p}} - n_j^{\mathrm{b}} \leqslant 0 \tag{4.31}$$

$$n_j^{\mathrm{p}} + n_j^{\mathrm{b}} \leqslant M \sum_{i=1}^{I} x_{ij}, \quad \forall j \in \boldsymbol{J} \tag{4.32}$$

$$y_j^{\mathrm{b}} \leqslant n_j^{\mathrm{b}}, \quad \forall j \in \boldsymbol{J} \tag{4.33}$$

$$n_j^{\mathrm{b}} \leqslant M y_j^{\mathrm{b}}, \quad \forall j \in \boldsymbol{J} \tag{4.34}$$

$$y_j^{\mathrm{p}} \leqslant n_j^{\mathrm{p}}, \quad \forall j \in \boldsymbol{J} \tag{4.35}$$

$$n_j^{\mathrm{p}} \leqslant M y_j^{\mathrm{p}}, \quad \forall j \in \boldsymbol{J} \tag{4.36}$$

$$y_j^{\mathrm{b}} + y_j^{\mathrm{p}} \leqslant \sum_{i=1}^{I} x_{ij}, \quad \forall j \in \boldsymbol{J} \tag{4.37}$$

$$y_j^{\mathrm{b}} + y_j^{\mathrm{p}} \leqslant 1, \quad \forall j \in \boldsymbol{J} \tag{4.38}$$

$$y_j^{\mathrm{b}} = 0, \quad \forall j \in \mathbf{CJ} \tag{4.39}$$

$$\sum_{i=1}^{I} x_{ij} \leqslant M(y_j^{\mathrm{b}} + y_j^{\mathrm{p}}), \quad \forall j \in \boldsymbol{J} \tag{4.40}$$

$$x_{ij} = 0, 1, \quad \forall i \in \boldsymbol{I}, \forall j \in \boldsymbol{J} \tag{4.41}$$

$$y_j^{\mathrm{b}}, y_j^{\mathrm{p}} = 0, 1, \quad \forall j \in \boldsymbol{J} \tag{4.42}$$

$$n_j^{\mathrm{p}}, n_j^{\mathrm{b}} \geqslant 0, \quad \forall j \in \boldsymbol{J} \tag{4.43}$$

4.4 数 值 实 验

为了证明上节提出的不确定决策模型的有效性，进行了数值实验，本节将对数值实验结果进行比较分析。

针对图 4.2 中的马达配置模型，假设马达制造商已收到五份客户订单，要求生产五种不同的定制马达。假设核心组件载体和磁铁必须由制造商生产，其他变量组件可以从外部购买或由制造商生产。设计、组装和交付时间 t_r 设置为不确定线性变量，并遵循 $t_r \sim L(2,8)$ 的不确定线性分布。制造时间 t_p 的不确定参数 μ 也是不确定线性变量，$\mu \sim L(0.3,0.9)$。通过更改 μ 的不确定分布，首先探讨响应时间不确定性对利润的影响。为了更直观地呈现不确定性，在下面的实验中，使用期望值表示响应时间不确定的程度。表 4.7~表 4.9 中列出了实验的参数。客户订单见表 4.9。

表 4.7　常量参数的值

参数	m_p	m_b	d	b	c	e	r	A	α
值	9	0.4	1 500	1.7	0.003 6	2.5	1	99	0.8

表 4.8　数值实验的相关参数

组件	轴承座	外壳			前弹簧片		后弹簧片		载体			磁铁
		外壳-1	外壳-2	外壳-3	一体式	分体式	一体式	分体式	载体-1	载体-2	载体-3	
c_j^b	1.2	1.1	0.8	0.4	0.6	0.5	0.7	0.9	0.3	0.7	0.4	0.2
c_j^p	0.5	0.6	0.4	0.2	0.3	0.3	0.4	0.5	0.2	0.5	0.2	0.1
c_j^a	1.1	1.0	0.7	0.3	0.5	0.4	0.6	0.8	0.2	0.6	0.3	0.2
u_j	2.0	1.0	1.0	1.0	1.0	1.0	1.0	1.0	1.0	1.0	1.0	4.0

表 4.9　产品需求

产品序号	单位成本/元	交货时间/天	客户需求	不需要模块
马达 1	18	40	前分体式弹簧片	外壳-3
马达 2	25	40	后分体式弹簧片	载体-2
马达 3	13	40	载体-1	—

续表

产品序号	单位成本/元	交货时间/天	客户需求	不需要模块
马达 4	28	40	载体-2	外壳-2
马达 5	30	40	前一体式弹簧片	外壳-1

为了更好地理解不确定理论，以下介绍如何计算不确定参数。因为 $t_r \sim L(2, 8)$，其不确定分布为 $\Phi(t_r)$（$0 \leqslant \Phi(t_r) \leqslant 1$），如图 4.4 所示。令 $\alpha = \Phi(t_r)$，则不确定线性函数逆分布为 $\Phi_{t_r}^{-1}(\alpha)$，如图 4.5 所示。

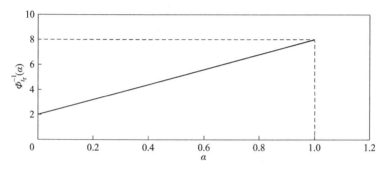

图 4.4　不确定分布 $t_r \sim L(2, 8)$

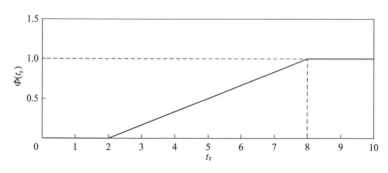

图 4.5　不确定线性函数逆分布

对于 $t_r \sim L(2, 8)$ 的期望值，利用线性不确定分布逆分布进行计算。$E[t_r] = \int_0^1 \Phi_{t_r}^{-1}(1-\alpha)\mathrm{d}\alpha = \int_0^1 \{[1-(1-\alpha)] \times 2 + (1-\alpha) \times 8\}\mathrm{d}\alpha = 5$。基于相同的计算方法，可得到 $E[\mu] = 0.6$ 和 $E[t] = 5 + (0.4\sum_{j=1}^{J} n_j^b) \vee (9 + 0.6\sum_{j=1}^{J} n_j^p)$。

使用 CPLEX 12.8 编程求解该不确定模型。表 4.10 列出了最优产品配置结果。表 4.10 中，符号"+"表示该模块包含在产品中，"外包"和"生产"两行列出了外部购买或自行生产的模块数量。

表 4.10　数值实验的最优产品配置

组件	轴承座	外壳			前弹簧片		后弹簧片		载体			磁铁
		外壳-1	外壳-2	外壳-3	一体式	分体式	一体式	分体式	载体-1	载体-2	载体-3	
马达 1				+		+	+			+		+
马达 2			+		+			+		+		+
马达 3			+			+	+		+			+
马达 4						+	+			+		+
马达 5	+	+				+	+		+			+
外包/个	2 898	1 449	4 388	1 470	2 907	4 400	5 849	1 458	0	0	0	0
生产/个	0	0	0	0	0	0	0	0	2 927	2 910	1 470	29 225
总利润/元	94 148.26											

4.4.1　响应时间不确定的影响

第一个实验描绘了利润随不同响应时间 t 的变化。图 4.6 展示了改变外包时间系数 m_b 和生产时间系数 $E[\mu]$ 对利润的影响。从图中可以看到，利润随着外包时间系数 m_b 和生产时间系数 $E[\mu]$ 的增大而减少。这种趋势是合理的，因为随着交货响应时间增加，客户需求将下降，利润将下降。另外，随生产时间系数 $E[\mu]$ 变化的利润比随外包时间系数 m_b 变化的利润下降的快，原因是当生产时间增加时，制造商将采取外包策略，以避免高额的罚款和客户需求减少。但是外部供应商提供的组件单位成本高于制造商自己生产，因此生产成本将比以前更高。相比之下，当外包时间增加时，制造商可以自己生产这些组件以节省更多的组件单位成本，而节省的生产成本将弥补因响应时间增加导致的利润损失。这表明生产时间比外包时间对利润的影响更大，换句话说，利润对生产时间更敏感。

图 4.7 显示了外包比率和利润之间的关系。外包比率表示外包组件与利用的全部组件的比率。当 m_b 下降时，利润随着外包比率的增大而增加。当 m_b 减小时，外包时间 t_b 减少了，制造商有可能选择外包更多的组件，以缩短交货响应时间从而增加客户需求数量。因此，随着 m_b 的减小，外包比率增大。当生产时间恒定且外包时间减少时，制造商可以主动提高外包比率以增加利润。然而，$E[\mu]$ 中的利润显示出相反的模式，当 $E[\mu]$ 增大时，利润随着外包比率的增大而下降。随着外包时间增加，为了减少高额的延迟成本并增加需求，制造商被迫采用外包策略，因而外包比

率增大。但是外包的组件单位成本高于自行生产的成本，因此总体利润下降。

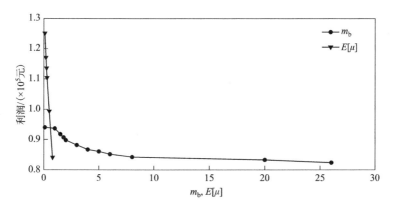

图 4.6　利润随着 m_b 和 $E[\mu]$ 的变化

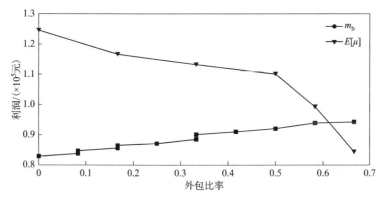

图 4.7　利润随外包比率的变化

由此可以发现不确定参数 μ 对利润和组件外包的选择有很大影响。随着 $E[\mu]$ 的增大，外包组件变得更加有利。直观的解释有两个方面。首先，由于生产时间延长，惩罚成本增加了。其次，随着生产时间的增加，需求减少。如果选择自行生产的策略，则响应时间的不确定性增加，意味着需求随时间波动，这也意味着利润变化。因此，随着交货时间不确定性的增加，自行生产变得越来越不可行。

4.4.2　外包与非外包生产模式的比较

在非外包生产模式的情况下，制造商在挑选完产品配置的组件后，该组件只能由制造商自行生产。与非外包生产模式相对应的不确定模型如下：

$$\max \sum_{i=1}^{I} (d - bp_i - ct')(p_i - e) - r(t' - T)^+ - A -$$

$$\sum\nolimits_{j=1}^{J} n_j^p c_j^p - \sum\nolimits_{i=1}^{I} \sum\nolimits_{j=1}^{J} c_j^a u_{ij} \tag{4.44}$$

s. t.

$$M\{n_j^p \geqslant \sum\nolimits_{i=1}^{I} D_i u_{ij} x_{ij}\} \geqslant \alpha, \quad \forall j \in \boldsymbol{J} \tag{4.45}$$

$$n_j^p \leqslant M \sum\nolimits_{i=1}^{I} x_{ij}, \quad \forall j \in \boldsymbol{J} \tag{4.46}$$

$$y_j^p \leqslant n_j^p, \quad \forall j \in \boldsymbol{J} \tag{4.47}$$

$$n_j^p \leqslant M y_j^p, \quad \forall j \in \boldsymbol{J} \tag{4.48}$$

$$y_j^p \leqslant \sum\nolimits_{i=1}^{I} x_{ij}, \quad \forall j \in \boldsymbol{J} \tag{4.49}$$

$$\sum\nolimits_{i=1}^{I} x_{ij} \leqslant M y_j^p, \quad \forall j \in \boldsymbol{J} \tag{4.50}$$

$$x_{ij} = 0,1, \quad \forall i \in \boldsymbol{I}, \forall j \in \boldsymbol{J} \tag{4.51}$$

$$y_j^p = 0,1, \quad \forall j \in \boldsymbol{J} \tag{4.52}$$

$$n_j^p \geqslant 0, \quad \forall j \in \boldsymbol{J} \tag{4.53}$$

在上述模型中，t' 表示在非外包策略情况下，从接收客户需求到交付产品所需的总时间，即 $t' = t_r + t_p$。

在上述非外包模型中，目标函数要求总利润最大化，其中决策变量为 x_{ij}、n_j^p、y_j^p。约束（4.45）确保组件的生产在置信水平 α 中满足订单的要求。约束（4.46）确保仅在产品中使用的组件才能被生产。其他约束条件定义了决策变量。

总时间 t' 的不确定逆分布为 $\Psi_{t'}^{-1}(\alpha) = \Phi_{t_r}^{-1}(\alpha) + \Phi_{t_p}^{-1}(\alpha)$。设 $E[t'] = \int_0^1 \Psi_{t'}^{-1}(1-\alpha)\mathrm{d}\alpha$，$E[(t'-T)^+] = \int_0^1 [\Psi_{t'}^{-1}(1-\alpha) - T]^+ \mathrm{d}\alpha$，可以将上述模型重写为不确定模型的期望值模型，即

$$\max \sum\nolimits_{i=1}^{I} (d - bp_i - cE[t'])(p_i - e) - rE[(t'-T)^+] -$$
$$A - \sum\nolimits_{j=1}^{J} n_j^p c_j^p - \sum\nolimits_{i=1}^{I} \sum\nolimits_{j=1}^{J} c_j^a u_{ij} x_{ij} \tag{4.54}$$

s. t.

$$\sum\nolimits_{i=1}^{I} [d - bp_i - c\Psi_{t'}^{-1}(1-\alpha)] u_{ij} x_{ij} - n_j^p \leqslant 0 \tag{4.55}$$

$$n_j^p \leqslant M \sum\nolimits_{i=1}^{I} x_{ij}, \quad \forall j \in \boldsymbol{J} \tag{4.56}$$

$$y_j^p \leqslant n_j^p, \quad \forall j \in \boldsymbol{J} \tag{4.57}$$

$$n_j^p \leqslant M y_j^p, \quad \forall j \in \boldsymbol{J} \tag{4.58}$$

$$y_j^p \leqslant \sum\nolimits_{i=1}^{I} x_{ij}, \quad \forall j \in \boldsymbol{J} \tag{4.59}$$

$$\sum\nolimits_{i=1}^{I} x_{ij} \leqslant M y_j^{\mathrm{p}}, \quad \forall j \in \boldsymbol{J} \tag{4.60}$$

$$x_{ij} = 0,1, \quad \forall i \in \boldsymbol{I}, \forall j \in \boldsymbol{J} \tag{4.61}$$

$$y_j^{\mathrm{p}} = 0,1, \quad \forall j \in \boldsymbol{J} \tag{4.62}$$

$$n_j^{\mathrm{p}} \geqslant 0, \quad \forall j \in \boldsymbol{J} \tag{4.63}$$

为了将所提出的不确定模型中的外包策略和非外包策略进行比较，通过改变不确定响应时间参数 $E[\mu]$ 的值进行实验。比较结果显示在表 4.11 中，其中第 3、5 和 6 列分别显示了外包策略的总利润、非外包策略的总利润及两种策略的利润差，第 2 列和第 4 列分别描述了两种策略下的预期交货时间 $E[t]$、$E[t']$。通过比较结果，可以发现外包策略在提高利润和缩短交货响应时间方面要优于非外包策略。

表 4.11　比较外包策略和非外包策略对不确定模型的影响

$E[\mu]$	外包策略		非外包策略		利润差 /元
	响应时间期望值 $E[t]$	利润/元	响应时间期望值 $E[t']$	利润/元	
0.1	12 300.2	124 592	12 300.2	124 567	25
0.2	16 674.3	116 644	18 435.3	116 190	454
0.25	18 720.0	113 218	24 570.4	112 001	1 217
0.3	20 469.5	110 084	30 705.5	107 813	2 271
0.5	23 688.0	99 186	36 840.6	91 059	8 127
0.8	25 602.4	84 172	42 975.7	65 929	18 243

当生产时间增加时，尽管利润随着外包比率的增大而减少，但是外包策略可以帮助制造商避免由于响应时间不确定而造成的不必要的利润损失。图 4.8 比较了在是否有外包策略的情况下利润在 $E[\mu]$ 增长时的变化。从图 4.8 中可以看出，如果没有外包策略，由于响应时间的不确定性，利润会急剧下降。制造商没有办法避免高额的罚款和减少的客户需求。外包策略可帮助制造商通过缩短响应时间改善这种情况。因此，当响应时间不确定性上升时，有外包策略生产模式的利润仅略有下降。

为了调查产品配置规模对于外包策略的表现和响应时间不确定性的影响，通过改变产品种类规模进行试验，比较结果显示在表 4.12 中。产品的规模由产品 I、组件 J 的数量表示。可以看出，不确定性对利润的负面影响随着产品规模数量的增加而增加。此外，随着规模的增加，外包策略仍然是一种有效的方法，在规模不断扩大的情况下甚至表现更好。

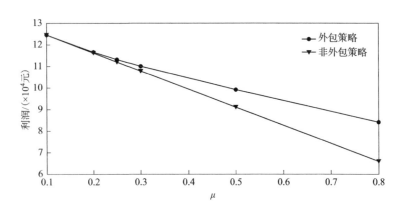

图 4.8　不同采购策略下利润随 μ 的变化

表 4.12　不同规模情况下外包策略的表现

案例编号 ($I-J$)	$E[\mu]$	利润/元		利润差/元
		外包策略	非外包策略	
2-12	0.3	42 751.8	42 205.9	545.9
	0.6	37 588.4	34 218.8	3 369.6
	0.9	32 596.9	26 231.6	6 365.3
4-12	0.3	81 052.7	79 506.4	1 546.3
	0.6	69 808.6	61 703.0	8 105.6
	0.9	58 681.9	43 899.6	14 782.3
5-12	0.3	113 172.3	110 739.2	2 433.1
	0.6	98 208.1	86 795.7	11 412.4
	0.9	83 243.8	62 852.1	20 391.7
6-12	0.3	116 596.8	113 457.2	3 139.6
	0.6	98 239.3	84 084.3	14 155.0
	0.9	79 881.8	54 711.5	25 170.3
8-12	0.3	124 105.6	119 097.7	5 007.9
	0.6	96 721.8	75 313.6	21 408.2
	0.9	70 978.2	31 529.5	39 448.7

　　显然，两种不同的生产方式对利润产生了很大影响。当产品规模很大时，利润对不确定的响应时间更加敏感。

4.4.3 验证模型的案例研究

为了在实际情况下更好地估计所提出模型的有效性，本节采用杨东等（Yang et al.，2018）提供的具有四个变体模块和十个替代组件的计算机案例。表4.13中描述了相应模块、组件和配置规则。案例提供了外包组件的单位成本和响应时间、配置成本、单价、客户需求、截止日期、组装时间和客户需求。在这种情况下，假设不确定参数 μ 遵循线性不确定分布，其他参数随机生成。本节测试了不同响应时间下的总利润，由 CPLEX 12.8 求解的实验结果如图4.9所示。可以看到，本章提出的模型对于另一个真实的计算机案例仍然有效。

表 4.13 可配置的计算机案例

模块	组件	配置规则
HD-模块	SATA 磁盘	需要主板 3
	IDE 磁盘	
	SCSI 磁盘	
主板	主板 1	与 CPU-580 不兼容
	主板 2	与 CPU-530 不兼容
	主板 3	需要 CPU-580
CPU	CPU-530	与主板 2 不兼容
	CPU-580	与主板 1 不兼容
服务器操作系统	OS-1	需要主板 1 和 SCSI 磁盘
	OS-2	

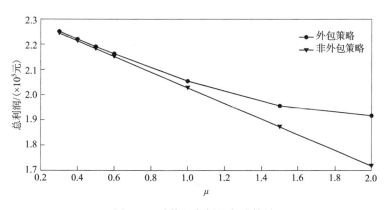

图 4.9 计算机案例的实验结果

4.5 小 结

本章提出了具有不确定响应时间的产品模块化设计和生产决策的混合整数规划线性模型，采用外包策略以减少单个产品的交货响应时间，并避免由于不确定性造成的不必要的利润损失。通过引入不确定理论，将不确定产品配置决策模型转换为确定性等价类。该模型由于其复杂性而难以求解，因此本章采用 CPLEX 12.8 求解该模型。通过数值实验和案例研究，验证了该不确定模型和外包策略的有效性。研究结果如下：

1）交货响应时间的不确定性对利润有重要影响。由于客户需求的减少和逾期罚款的成本，响应时间的不确定性越高，利润损失越大。

2）外包策略可以有效减少交货响应时间不确定带来的利润损失。

3）与不同规模的产品配置相比，不确定性对利润的负面影响随着配置规模的扩大而增加。也就是说，制造商在生产大规模产品时应选择更加灵活的生产模式。

基于以上结果，当缺少统计信息或者参数难以精准估计时，利用本章提出的不确定模型可以有效地开发新产品系列。在这种情况下，制造商可以使用不确定理论估计数据集和参数的分布。在获得有关参数值的范围后，制造商可以选择最佳外包比率设计最优产品配置，并利用外包策略控制风险。

第 5 章　考虑标准化与冗余策略的产品多平台模块化设计与生产决策优化

根据个性化定制环境下的客户要求，产品平台设计通常要面临如何选择个性化产品的通用组件或模块这一问题。现有的大多数产品平台设计者采用的策略通常是极端的，要么是完全多样性（完全个性化），要么是具有标准化的产品（一组有限的产品）。在前两章的基础上，本章将平台策略与模块化策略相结合，提出多平台模块化策略，并且在此基础上，为了帮助制造商更加灵活地配置产品生产，提出标准化和冗余策略，构建一种新的不确定决策模型，以找到最佳产品配置，最大限度地降低总成本。该模型首先定义了客户需求并初步构建了产品的装配顺序；然后采用模块化多平台组装的制造方法增加个性化定制中产品的多样性；之后线性化该模型，并利用不确定理论对产品配置中的不确定性进行求解；最后利用 CPLEX 12.8 求解器对模型进行敏感性分析，并给出最佳平台数量和生产策略等相关建议，确定最终定制产品的规格。从手机的案例研究中，本章发现标准化比冗余策略要好，并且灵活的平台策略可以有效降低生产成本。

5.1　问　题　背　景

产品平台配置目前已成为个性化定制的关键支持技术（Yang et al.，2012；Trentin et al.，2012；Pitiot et al.，2013）。它从现有组件目录中选择组件或模块，并使用一组配置规则将这些组件或者模块组装、拆卸为个性化产品（Fogliatto et al.，2012）。产品配置系统是一种决策支持系统，可帮助制造商丰富产品多样性并提供批量定制（Salvador，2007；Hvam et al.，2008）。该系统通过执行一系列活动，将每个细分市场的客户需求转换为特定的产品信息，并生成最终配置结果（Trentin et al.，2012）。这些活动包括建立产品数学模型，进行顺序组装或拆卸，构造产品知识和规则等。如今，它已在许多制造商中成功应用，如 Reebok 公司（Piller，2007）、Dell 计算机公司（Selladurai，2004）和索尼公司（Sanderson et al.，1995）等。

目前学术界已经有很多针对产品平台配置的研究。许多文献从产品建模或应用程序的角度进行了研究。例如，许多研究分析了如何开发产品平台配置的知识结构（Frutos et al.，2004；Yang et al.，2012；Lu et al.，2016）和进行概念建模（Soininen et al.，1998；Felfernig et al.，2001），或者哪些算法和系统提高了生产效率和产品质量（Falkner et al.，2011；Yang et al.，2012；Pitiot et al.，2014；Kristianto et al.，2015；Pereira et al.，2018）。

为了便于分析，过去的产品平台模型认为制造商必须提供与客户要求完全匹配的产品（没有其他功能）（Frutos et al.，2004；Yang et al.，2012；Yang et al.，2015；Yang et al.，2018；Zheng et al.，2017；Pereira et al.，2018）。该假设主要基于模型构造的技术角度，或者仅仅是为了避免因提供不需要的功能而产生额外费用（Khalaf et al.，2011）。本章使用标准化和冗余策略放松这个过于严格的假设。此外，过去有关产品平台配置中信息建模的研究成果要么依赖于配置规则（Yang et al.，2012；Yang et al.，2018），要么依赖于原型系统（Frutos et al.，2004；Kristianto et al.，2015；Pereira et al.，2018），很少有研究利用模块组装和拆卸原理配置个性化的产品。

尽管模块化产品设计和平台策略已成为产品配置中的关键因素，但对于模块化多平台产品配置的研究却很少。根据先前的研究，当引入单个平台时，所有产品的平台组件性能都是相同的，这会导致低端产品的过度设计或高端产品的设计不足。为了解决这个问题，本章提出了一种多平台策略。在具有多个平台的情况下，制造商可在批量装配生产线中使用不同组的通用核心模块，以降低通用性。因此，多平台策略增加了产品的独特性，从而可能增加高端产品的市场份额，并节省低端市场的投资（Dai et al.，2007）。但是，对于某些制造商而言，开发和利用过多的产品平台最终会导致成本超出预期。因此，本章会在模型中优化平台数量，给出最优平台数量。

在本章中，产品平台的定义是：在产品系列中具有某些特性或者功能的一组共享模块。它通常需要满足生产时间限制和组装拆卸规则等。通常，在批量装配线上生产的模块具有一定的通用性，而从平台上拆卸的模块或者不在平台上生产的其他模块会显示不同产品的独特性。此外，本章放宽了假设，即所提供的产品必须准确满足客户所需的功能。哈拉夫等（Khalaf et al.，2011）首先提出了两个原则，并将其用于模块设计和供应链优化。第一个原则是标准化——产品中允许出现一个或者多个顾客不需要的功能。第二个原则是冗余原则——允许同一功能在同一产品中多次出现。此外，本章认为生产过程中存在不确定性，并在模型中引入组装和拆卸过程。本章拟解决的问题如下：

1）平台数量和生产时间的不确定性会对总成本产生影响吗？

2）标准化或冗余策略可以帮助制造商降低成本吗？哪种策略效果更好？

3）哪些关键因素会影响制造商的标准化和冗余决策？

5.2　问　题　描　述

在实际的生产制造中，许多产品由可拆分的模块制造，如计算机、车辆和智能家电等，其中包含许多组件（Hanafy et al.，2015；Aheleroff et al.，2020）。通过组装或拆卸不同的模块，制造商可以生产多样化的产品，以满足不同细分市场的客户需求。由于制造商只有很短的交货时间响应每个细分市场，所以产品投放市场的速度越快，其市场份额就越高。基于上述原因，制造商通常采用模块化和平台策略，而不是采用独立开发的方式设计组装产品。

考虑以下产品生产制造环境（图 5.1）。在市场调查之后，制造商将市场划分为 S 个细分市场，并了解到消费者对产品功能的特定要求。制造商计划设计 I 种类型的产品，并且每个产品都由一组特定的模块构成，每个模块拥有几种特定功能。产品必须包含所需的所有功能，同时可能会含有一些不必要的功能（符合标准化原则）和冗余功能（符合冗余原则）。本章假设所有功能相互独立。图 5.1 中带有箭头的水平线表示产品平台和产品的组装/拆卸线的流向。产品平台由具有三个功能的两个模块组成：具有功能 A 和 B 的模块 1 和具有功能 C 的模块 2。图 5.1 中列举了组装产品的四条路径。第一条路径是将具有功能 D 和 E 的模块 3 组装到产品平台生产产品 1。产品 1 包含所有可选功能。这也是大多数文献考虑的生产情况。第二条路径是将具有功能 D 和 E 的模块 3 和具有功能 F 的模块 4 组装到产品平台生产产品 2。产品 2 包含所有必需的功能及不必要的功能 C，并且没有冗余。第三条路径是将具有功能 C 和 E 的模块 5 和具有功能 F 的模块 4 组装到产品平台生产产品 3。产品 3 包含所有必需的功能，没有标准化功能，但具有冗余功能 C。第四条路径是拆卸具有功能 C 的模块 2，组装具有功能 D 和 E 的模块 3 及具有功能 A、G、H 的模块 6 生产产品 I。产品 I 包含不必要的功能 E（有限的标准化功能）和冗余功能 A。

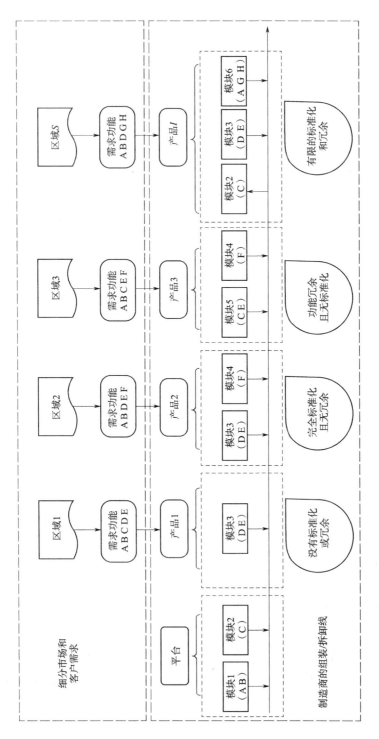

图 5.1 产品平台生产线（组装和拆卸）示意图

表 5.1 进一步阐明了图 5.1 中的产品平台生产线。细分市场 1 需要功能 A、B、C、D、E。产品 1 通过安装平台模块 1、2 和特有模块 3 完全满足市场需求的功能。这种组装没有用到标准化或者冗余策略。细分市场 2 要求功能 A、B、D、E、F。除去平台功能，产品 2 安装了特有模块 3 和 4。在这种情况下，客户不需要功能 C 但是产品却包含该功能，这就是标准化策略。细分市场 3 要求功能 A、B、C、E、F。除去平台功能，产品 3 安装了模块 4 和 5。在这种情况下，产品 3 不含有顾客不需要的功能，但是功能 C 在产品中出现了两次，因此产品 3 使用了冗余策略。在细分市场 S 中，顾客要求功能 A、B、D、G、H。除去平台功能，产品 I 组装了特有模块 3 和 6，并且拆卸了模块 2。此时，产品 I 中有两个功能 A，出现了冗余策略。如果不拆卸模块 C，产品拥有两个未需求功能 C 和 E。此时是完全标准化策略，即不限制未要求功能的数量。但在有限标准化策略中，产品 I 限定只能有 1 个未要求的功能。制造商通过拆卸模块 2 达到该条件。

表 5.1　四条产品组装路径

细分市场	需求功能	平台功能	产品功能	使用策略
1	A B C D E		A B C | D E	没有标准化或冗余
2	A B D E F	A B C	A B C̲ | D E | F	完全标准化，没有冗余
3	A B C E F		A B C | **C** E | F	冗余且无标准化
S	A B D G H		**A B C** | D E̶ | **A** G H	有限标准化且冗余

注：加下划线的字母表示该功能客户不需要，但是产品提供（完全标准化原则）；黑体字母表示该功能在同一产品中多次出现（冗余原则）；中间加线的字母（如€）表示该功能客户不需要，因此产品不提供（有限标准化原则）。

此外，由于客户需求频繁变化，该平台应该是可更改的，并且可以对市场快速做出响应（Hanafy et al.，2015）。对个性化定制产品和灵活制造的需求要求多平台模块化策略可以随着客户需求的变化而变化，并且拥有高水平的响应能力和较短的交货时间。在本节提出的基本模型中，制造商必须提供具有所有可选功能的产品（无标准化或冗余）。哈拉夫等（Khalaf et al.，2011）指出这种约束可以避免多余功能带来的额外成本。基本模型参数见表 5.2。

本书的研究是在不确定的环境中进行的，在平台 p 上组装模块 j 的组装时间 t_{pj}、在非平台上组装模块 j 的组装时间 t_{aj}、将模块 j 从产品中拆卸下来的时间 t_{rj} 及规模经济水平 g 被认为是不确定的参数。实际上，制造过程在高度不确定的环境中运行，设备故障、工人熟练程度、基础设施故障及自然灾害等（Chopra et al.，

2004）都会对产品生产产生影响。制造过程中的这些因素使组装、拆卸时间和规模经济变得不确定，并对它们产生负面影响。因此，本节采用不确定理论处理多平台模块化产品配置问题中的不确定性。

表 5.2　基本模型参数

符号	说明	符号	说明
K	最大功能数	u_{ihl}	二元参数，在产品 i 中，如果模块 l 在模块 h 之后，$u_{ihl}=1$，否则 $u_{ihl}=0$
J	最大模块数	MC_j	将模块 j 组装到平台中的成本
P	最大平台数	AC_j	将模块 j 组装到产品中的成本
I	最大产品数	DC_j	将模块 j 从产品中拆卸出来的成本
k	产品功能参数	C_j	模块 j 的单位成本
$j,h/p,l$	模块集合参数/平台集合参数	FC	平台的固定成本
i	产品集合参数	S_j	模块 j 的单位残值
λ_{jk}	二元参数，如果功能 k 存在于模块 j 中，$\lambda_{jk}=1$，否则 $\lambda_{jk}=0$	d_i	产品 i 的需求数量
δ_{ik}	二元参数，如果功能 k 存在于产品 i 中，$\delta_{ik}=1$，否则 $\delta_{ik}=0$	M	一个足够大的实数

在产品配置过程中，制造商必须对平台和产品构造及组装拆卸顺序做出决定。本章有五个决策变量，它们都是二进制变量。第一个决策变量是 x_{pj}，如果平台 p 中存在模块 j，$x_{pj}=1$，否则 $x_{pj}=0$。第二个决策变量是 y_{ip}，如果产品 i 中存在平台 p，$y_{ip}=1$，否则 $y_{ip}=0$。其余三个决策变量，如装配顺序 a_{ipj}（如果模块 j 通过平台 p 组装到产品 i 中，$a_{ipj}=1$，否则 $a_{ipj}=0$）和拆卸顺序 r_{ipj}（如果模块 j 通过平台 p 从产品 i 中拆卸出去，$r_{ipj}=1$，否则 $r_{ipj}=0$），以及平台 p 是否构建参数 m_p（如果平台 p 存在，$m_p=1$，否则 $m_p=0$），也必须在模型中求解。

5.3　模型构建

首先，构建没有标准化或冗余策略的优化模型，该模型能够确定具有时间限制和装配顺序限制等约束的产品平台配置的最佳解决方案。然后，为了高效率地求解模型，该模型会被线性化。最后，将该模型中产品必须完全符合客户所提需求的假设放松，提出带有不必要功能（标准化）和冗余功能的模型。

5.3.1　没有标准化或冗余的模型（A）

目标函数表示为最小化总成本。总成本由以下四个主要部分组成：①平台模块大规模组装成本；②模块组装成本；③模块拆卸成本；④构造平台的成本。

产品 i 的需求数量为 d_i。目标函数中，第一项 MC_j 表示将模块 j 组装到平台中的批量生产成本。模块 j 的单位成本为 C_j，C_j 乘以规模经济水平 $g(0<g<1)$ 表示模块 j 的批量生产单位成本低于平均单位成本。这是由于固定成本和初始投资成本分摊在更多的模块数量中。第二项表示向平台组装特有模块 j 的组装成本 AC_j 和模块 j 的单位成本 C_j。第三项表示从平台拆卸模块 j 的成本 DC_j 和拆卸模块 j 的单位残值 S_j。FC 为平台的固定成本。最后一项描述生产平台的总固定成本。此外，本章假设 MC_j 小于 AC_j 和 DC_j，否则制造商仅会在没有平台的情况下独立生产每种产品。基本模型如下：

$$\min \sum_{i=1}^{I} \sum_{p=1}^{P} \sum_{j=1}^{J} (MC_j + gC_j) x_{pj} y_{ip} d_i +$$

$$\sum_{i=1}^{I} \sum_{p=1}^{P} \sum_{j=1}^{J} (AC_j + C_j) a_{ipj} y_{ip} d_i +$$

$$\sum_{i=1}^{I} \sum_{p=1}^{P} \sum_{j=1}^{J} (DC_j - S_j) r_{ipj} y_{ip} d_i + FC \sum_{p=1}^{P} m_p \tag{5.1}$$

s. t.

$$M\{ \sum_{i=1}^{I} \sum_{p=1}^{P} \sum_{j=1}^{J} t_{pj} x_{pj} y_{ip} d_i +$$

$$\sum_{i=1}^{I} \sum_{p=1}^{P} \sum_{j=1}^{J} t_{aj} a_{ipj} y_{ip} d_i +$$

$$\sum_{i=1}^{I} \sum_{p=1}^{P} \sum_{j=1}^{J} t_{rj} r_{ipj} y_{ip} d_i \leqslant T \} \geqslant \alpha \tag{5.2}$$

$$\sum_{p=1}^{P} \sum_{j=1}^{J} \lambda_{jk} (x_{pj} y_{ip} + a_{ipj} y_{ip} - r_{ipj} y_{ip}) = \delta_{ik}, \quad i=1,\cdots,I; k=1,\cdots,K \tag{5.3}$$

$$\sum_{p=1}^{P} y_{ip} \geqslant 1, \quad i=1,\cdots,I \tag{5.4}$$

$$a_{ipj} \leqslant y_{ip}, \quad i=1,\cdots,I; p=1,\cdots,P; j=1,\cdots,J \tag{5.5}$$

$$r_{ipj} \leqslant y_{ip}, \quad i=1,\cdots,I; p=1,\cdots,P; j=1,\cdots,J \tag{5.6}$$

$$1 + x_{pl} \geqslant u_{ihl} y_{ip} + x_{ph}, \quad i=1,\cdots,I; p=1,\cdots,P; h=1,\cdots,J; l=1,\cdots,J \tag{5.7}$$

$$\sum_{i=1}^{I} y_{ip} \geqslant x_{pj}, \quad p=1,\cdots,P; j=1,\cdots,J \tag{5.8}$$

$$\sum_{i=1}^{I} y_{ip} \geqslant m_p, \quad p=1,\cdots,P \tag{5.9}$$

$$\sum_{i=1}^{I} y_{ip} \leqslant M m_p, \quad p=1,\cdots,P \tag{5.10}$$

$$x_{pj}=0,1; \quad y_{ip}=0,1; \quad a_{ipj}=0,1; \quad r_{ipj}=0,1;$$

$$m_p=0,1, \quad i=1,\cdots,I; p=1,\cdots,P; j=1,\cdots,J \tag{5.11}$$

在不确定约束（5.2）中，置信水平 α 表示可以在交货期 T 之内交付产品的可信度。约束（5.3）表示产品 i 必须包含客户所需的所有功能，而没有不必要或多余的功能。约束（5.4）表示每个产品都是至少从一个平台组装而成的。根据约束条件（5.5），如果产品 i 不是由平台 p 组装的，则不应将任何模块添加到平台 p 形成产品 i。

出于同样的原因，约束条件（5.6）表示，如果未在该平台上生产产品，则不应从平台上拆卸模块。约束（5.7）给出了组装规则：如果在产品 i 中，模块 l 必须在模块 h 之前组装，并且平台 p 包含模块 h，则平台 p 必须在其产品中包含模块 l。如果没有产品分配到平台 p，约束（5.8）会阻止平台 p 包含任何模块。约束（5.9）、约束（5.10）确保如果平台 p 存在，则必须为其分配一些产品，否则不应建立该平台 p。其余约束条件定义决策变量为二元变量。

首先，将上述不确定模型转换为相对应的确定性等价形式。由于目标函数和约束条件中存在不确定变量，无法很好地定义模型。根据不确定理论，基本模型中的不确定变量可以通过其期望值自然地进行估算，然后将其转换为不确定期望值模型（EVM）。不确定期望值目标函数简化过程如下。

显然，目标函数随规模经济水平 $g(0<g<1)$ 的提高而增加。假设 g 具有不确定逆分布 $\Phi_g^{-1}(\alpha)$，那么目标函数 f 的期望值为

$$
\begin{aligned}
E[f] = & \int_0^1 \Big[\sum_{i=1}^{I} \sum_{p=1}^{P} \sum_{j=1}^{J} (\mathrm{MC}_j + \Phi_g^{-1}(\alpha)C_j) x_{pj} y_{ip} d_i \Big] \mathrm{d}\alpha + \\
& \sum_{i=1}^{I} \sum_{p=1}^{P} \sum_{j=1}^{J} (\mathrm{AC}_j + C_j) a_{ipj} y_{ip} d_i + \\
& \sum_{i=1}^{I} \sum_{p=1}^{P} \sum_{j=1}^{J} (\mathrm{DC}_j - S_j) r_{ipj} y_{ip} d_i + \mathrm{FC} \sum_{p=1}^{P} m_p \\
= & \sum_{i=1}^{I} \sum_{p=1}^{P} \sum_{j=1}^{J} \Big(\mathrm{MC}_j + C_j \int_0^1 \Phi_g^{-1}(\alpha) \mathrm{d}\alpha \Big) x_{pj} y_{ip} d_i + \\
& \sum_{i=1}^{I} \sum_{p=1}^{P} \sum_{j=1}^{J} (\mathrm{AC}_j + C_j) a_{ipj} y_{ip} d_i + \\
& \sum_{i=1}^{I} \sum_{p=1}^{P} \sum_{j=1}^{J} (\mathrm{DC}_j - S_j) r_{ipj} y_{ip} d_i + \mathrm{FC} \sum_{p=1}^{P} m_p \tag{5.12}
\end{aligned}
$$

令 $E[g] = \int_0^1 \Phi_g^{-1}(\alpha) \mathrm{d}\alpha$，则期望值目标函数为

$$E[f] = \sum_{i=1}^{I} \sum_{p=1}^{P} \sum_{j=1}^{J} (MC_j + E[g]C_j) x_{pj} y_{ip} d_i +$$

$$\sum_{i=1}^{I} \sum_{p=1}^{P} \sum_{j=1}^{J} (AC_j + C_j) a_{ipj} y_{ip} d_i +$$

$$\sum_{i=1}^{I} \sum_{p=1}^{P} \sum_{j=1}^{J} (DC_j - S_j) r_{ipj} y_{ip} d_i + FC \sum_{p=1}^{P} m_p$$

$$(5.13)$$

在不确定约束（5.2）中，存在不确定变量 t_{pj}、t_{aj}、t_{rj}。假设 t_{pj}、t_{aj} 和 t_{rj} 分别具有不确定逆分布 $\Phi_{t_{pj}}^{-1}(\alpha)$、$\Phi_{t_{aj}}^{-1}(\alpha)$ 和 $\Phi_{t_{rj}}^{-1}(\alpha)$，根据不确定理论，约束（5.2）可以转换为以下形式：

$$\sum_{i=1}^{I} \sum_{p=1}^{P} \sum_{j=1}^{J} [\Phi_{t_{pj}}^{-1}(\alpha) x_{pj} + \Phi_{t_{aj}}^{-1}(\alpha) a_{ipj} + \Phi_{t_{rj}}^{-1}(\alpha) r_{ipj}] y_{ip} d_i - T \leqslant 0$$

$$(5.14)$$

然后，将模型线性化。模型 A 是非线性混合整数规划模型，因为它在目标函数（5.1）和约束（5.3）中都具有非线性变量。由于高度非线性的模型可能会陷入局部最优，不能保证全局最优解，所以对模型进行线性化以降低复杂度非常重要。这里采用沃特斯（Watters，1967）和彼得森（Petersen，1971）的线性化方法线性化模型。将两两相乘的二进制变量转换为具有上限 1 和三个约束的新变量，转换过程如下：

$$xx_{ipj} = x_{pj} \cdot y_{ip}$$

$$(5.15)$$

$$xy_{ipj} = a_{ipj} \cdot y_{ip}$$

$$(5.16)$$

$$xz_{ipj} = r_{ipj} \cdot y_{ip}$$

$$(5.17)$$

将不确定模型转换为具有新目标函数（5.13）和约束（5.14）的确定性等价项，然后利用式（5.15）～式（5.17）将模型线性化，并加入新约束［式（5.21）～式（5.29）］，则新的确定性线性模型为

$$\min \sum_{i=1}^{I} \sum_{p=1}^{P} \sum_{j=1}^{J} (MC_j + E[g]C_j) xx_{ipj} d_i +$$

$$\sum_{i=1}^{I} \sum_{p=1}^{P} \sum_{j=1}^{J} (AC_j + C_j) xy_{ipj} d_i +$$

$$\sum_{i=1}^{I} \sum_{p=1}^{P} \sum_{j=1}^{J} (DC_j - S_j) xz_{ipj} d_i + FC \sum_{p=1}^{P} m_p \qquad (5.18)$$

s. t.

$$\sum_{i=1}^{I} \sum_{p=1}^{P} \sum_{j=1}^{J} [\Phi_{t_{pj}}^{-1}(\alpha) x_{pj} + \Phi_{t_{aj}}^{-1}(\alpha) a_{ipj} + \Phi_{t_{rj}}^{-1}(\alpha) r_{ipj}] y_{ip} d_i - T \leqslant 0$$

$$(5.19)$$

$$\sum_{p=1}^{P} \sum_{j=1}^{J} \lambda_{jk} (xx_{ipj} + xy_{ipj} - xz_{ipj}) = \delta_{ik}, \quad i = 1, \cdots, I; k = 1, \cdots, K$$

$$(5.20)$$

$$x_{pj} \geqslant xx_{ipj} \tag{5.21}$$

$$xx_{ipj} \geqslant x_{pj} + y_{ip} - 1 \tag{5.22}$$

$$y_{ip} \geqslant xx_{ipj} \tag{5.23}$$

$$a_{ipj} \geqslant xy_{ipj} \tag{5.24}$$

$$xy_{ipj} \geqslant a_{ipj} + y_{ip} - 1 \tag{5.25}$$

$$y_{ip} \geqslant xy_{ipj} \tag{5.26}$$

$$r_{ipj} \geqslant xz_{ipj} \tag{5.27}$$

$$xz_{ipj} \geqslant r_{ipj} + y_{ip} - 1 \tag{5.28}$$

$$y_{ip} \geqslant xz_{ipj} \tag{5.29}$$

5.3.2 完全标准化模型（无冗余）（B）

现在讨论在完全标准化且没有冗余的情况下放宽约束（5.3）的情况。约束（5.3）可以转换为

$$\sum_{p=1}^{P} \sum_{j=1}^{J} \lambda_{jk} (xx_{ipj} + xy_{ipj} - xz_{ipj}) = 1, \quad i = 1, \cdots, I; k = 1, \cdots, K; \delta_{ik} = 1 \tag{5.30}$$

$$\sum_{p=1}^{P} \sum_{j=1}^{J} \lambda_{jk} (xx_{ipj} + xy_{ipj} - xz_{ipj}) \leqslant 1, \quad i = 1, \cdots, I; k = 1, \cdots, K; \delta_{ik} = 0 \tag{5.31}$$

约束（5.30）表示如果产品 i 中需要功能 k，则此功能只能在该产品中出现一次。约束（5.31）表示如果客户不需要功能 k，则该功能最多也可以在产品中出现一次。

模型 B 中包含客户要求的所有功能及一些不必要的功能。当保留不需要的功能时，该模型对节省交货时间和拆卸成本具有积极影响。例如，特定的客户群不希望手机具有蓝牙功能，而其他客户群则要求具备蓝牙功能。蓝牙接收器位于主板上。如果制造商选择将蓝牙接收器保留在平台上，则会减少生产时间和拆卸成本，但是这可能会稍微降低残值，而且这不会损害特定客户群的效用。

5.3.3 部分标准化模型（无冗余）（C）

实际上，由于不必要功能带来的成本和重量增加（Khalaf et al.，2011），产品不可能无限制地包含不必要的功能。因此，在模型 B 中添加以下约束以限制不必要功能的数量：

$$\sum\nolimits_{p=1}^{P} \sum\nolimits_{j=1}^{J} \sum\nolimits_{k=1}^{K} \lambda_{jk}(xx_{ipj} + xy_{ipj} - xz_{ipj}) \leqslant f_i + \epsilon, \quad i = 1, \cdots, I \quad (5.32)$$

在约束（5.32）中，f_i 是产品 i 所需的功能数量，而 ϵ 被预定义为产品中可以包含的不必要功能的最大数量。模型 C 的优点是限制了不必要的功能，并尽最大可能地使产品与客户的期望保持一致。例如，如果手机中包含不必要的存储卡，它将对手机产生负面影响，如更快的电池功耗或增加的重量和成本，这可能会降低消费者效用。

5.3.4　功能冗余模型（无标准化）（D）

在模型 D 中讨论冗余策略。在此原则下，产品配置允许所需的功能冗余，也就是说，这些功能可能在产品中出现多次，但是产品中不能包含不需要的功能。本节将模型 B 中的约束（5.30）和约束（5.31）转换为以下约束，以满足冗余策略：

$$\sum\nolimits_{p=1}^{P} \sum\nolimits_{j=1}^{J} \lambda_{jk}(xx_{ipj} + xy_{ipj} - xz_{ipj}) \leqslant v, \quad i = 1, \cdots, I; k = 1, \cdots, K; \delta_{ik} = 1$$
$$(5.33)$$

$$\sum\nolimits_{p=1}^{P} \sum\nolimits_{j=1}^{J} \lambda_{jk}(xx_{ipj} + xy_{ipj} - xz_{ipj}) \geqslant l, \quad i = 1, \cdots, I; k = 1, \cdots, K; \delta_{ik} = 1$$
$$(5.34)$$

$$\sum\nolimits_{p=1}^{P} \sum\nolimits_{j=1}^{J} \lambda_{jk}(xx_{ipj} + xy_{ipj} - xz_{ipj}) = 0, \quad i = 1, \cdots, I; k = 1, \cdots, K; \delta_{ik} = 0$$
$$(5.35)$$

在约束（5.33）和约束（5.34）中，如果需要功能 k，则功能 k 必须出现在产品 i 中，并且产品 i 中功能 k 的最大数量应该小于 v（功能 k 要求的最大数量）。从生产制造的角度来看，v 的值通常很小。本节设置 $v=2$。约束（5.35）不允许不需要的功能出现在产品 i 中。

如果需要限制冗余功能的数量，可以添加以下约束：

$$\sum\nolimits_{p=1}^{P} \sum\nolimits_{j=1}^{J} \sum\nolimits_{k=1}^{K} \lambda_{jk}(xx_{ipj} + xy_{ipj} - xz_{ipj}) \leqslant f_i + \beta, \quad i = 1, \cdots, I \quad (5.36)$$

在上面的约束中，β 表示产品可以允许的冗余功能的最大数量。从工业角度看，当产品中的两个不同模块提供相同功能时，可能会发生冗余。这在电子设备行业中很普遍并且可以接受。以苹果手机为例。苹果手机包含一个长焦镜头、一个广角镜头和外壳，以及其他组件。大多数消费者需要两个镜头拍摄更加清晰的照片，而 5% 不关心照片质量的消费者只要求使用广角镜头。制造商可以根据消费者的要求将镜头与合适的外壳组装在一起，但是其选择在外壳中安装两个镜头从而只设计一个苹果手机版本。在这种情况下，制造商将节省不同外壳的固定成本和不同版本的组装时间，只有5%的消费者会花费更多的钱购买多余的镜头。在上述情况下，相同的功能——拍摄（镜头）——在产品中出现两次。本节在模型中考虑了上述情况。

从上面的示例来看，允许冗余功能的模型 D 具有多个优点。首先，它考虑了更复杂的生产制造情况。其次，它为制造商提供了更灵活的产品配置选项。最后，尽管一小群消费者可能承担过多的冗余功能开销，但制造商可以通过冗余节省时间和成本。

5.3.5 有限标准化冗余模型（E）

在更一般的情况下，产品中的冗余和标准化可能会同时出现。在这种情况下，本节将约束（5.3）替换为以下约束：

$$\sum_{p=1}^{P}\sum_{j=1}^{J}\lambda_{jk}(xx_{ipj}+xy_{ipj}-xz_{ipj})\geqslant 1, \quad i=1,\cdots,I; k=1,\cdots,K; \delta_{ik}=1$$

$$(5.37)$$

$$\sum_{p=1}^{P}\sum_{j=1}^{J}\sum_{\delta_k=1}\lambda_{jk}(xx_{ipj}+xy_{ipj}-xz_{ipj})\leqslant f_i+\beta, \quad i=1,\cdots,I \quad (5.38)$$

$$\sum_{p=1}^{P}\sum_{j=1}^{J}\sum_{\delta_k=0}\lambda_{jk}(xx_{ipj}+xy_{ipj}-xz_{ipj})\leqslant \gamma, \quad i=1,\cdots,I \quad (5.39)$$

在约束（5.38）中，参数 β 限制了冗余功能的数量。在约束（5.39）中，参数 γ 限制了产品中最大额外功能数。

表 5.3 中总结了以上五种模型。

表 5.3 五种模型比较

模型	描述
A：没有标准化或冗余的模型	仅包含所有可选功能
B：完全标准化模型（无冗余）	没有额外的功能，但是具有不需要的功能
C：部分标准化模型（无冗余）	没有额外的功能，但是具有有限的不需要的功能
D：功能冗余模型（无标准化）	没有不需要的功能，但是有额外的功能
E：有限标准化冗余模型	有限的不需要的功能和额外功能

5.4 案例研究

本节的重点是比较参数不同的情况下五种模型的表现，以便更好地理解标准化策略和冗余策略在不确定环境中对产品配置的影响。本节使用优化编程语言（OPL）求解模型，并使用 CPLEX 12.8 求解器进行计算。

以手机为例描述实验的背景。一家手机制造商计划根据多个客户要求设计一个包含五种产品的产品系列。客户群 S1 和 S2 要求生产具有更多功能的高端手机，而客户群 S3 和 S4 需要具有适当功能的普通手机，客户群 S5 只需要具有基本功能的手机。假设基本功能是所有人都需要的必要功能。表 5.4 中列出了与客户群相关的参数。表 5.5 中列出了客户要求，其中模块中的数字代表模块编号，客户需求为"1"表示客户需要该模块功能，否则显示为"0"。

表 5.4　模块成本

细分市场	S1	S2	S3	S4	S5
需求数量 d_i	250	500	500	350	250
所需功能数量 f_i	18	14	12	10	6
非必要功能的最大允许数量 ϵ	2	2	2	2	2
冗余功能 β	2	2	2	2	2
额外功能的最大允许数量 γ	3	3	3	3	3

表 5.5　模块中的功能和客户要求

功能	模块																客户需求				
	3	4	5	6	12	13	14	15	20	21	22	23	28	29	30	34					
三频 Wi-Fi	1	1	1	0	1	0	0	0	0	0	0	0	0	0	0	0	1	0	1	0	1
4G	1	0	0	1	0	1	0	1	0	0	0	0	0	0	0	0	1	1	0	1	0
蓝牙	1	1	1	0	1	0	0	0	0	0	0	0	0	0	0	0	1	1	1	0	0
双立体声扬声器	1	0	0	1	0	1	0	0	0	0	0	0	0	0	0	0	1	1	0	1	0
高速 CPU	1	1	0	0	1	1	1	0	0	0	0	0	0	0	0	0	1	0	1	0	0
高分辨率传感器	0	1	1	0	1	1	1	0	1	0	0	0	0	0	0	0	1	1	1	0	
大存储量	0	1	0	1	1	1	1	0	0	0	0	0	0	0	0	1	1	1	0	1	1
良好的 AI 功能	1	0	1	0	0	0	0	0	0	0	0	0	0	0	0	0	1	1	0	0	
高画质	0	0	0	0	0	0	0	1	0	1	0	0	0	0	0	0	1	1	0	0	
高清视频	0	0	0	0	0	0	0	0	0	0	0	0	0	0	0	1	1	1	0	1	
广角镜头	0	0	0	0	0	0	0	0	1	1	1	0	0	0	0	0	1	1	0	1	0
连拍夜间模式	0	0	0	0	0	0	0	1	0	1	0	0	0	0	0	0	1	1	1	0	0

续表

功能	模块																客户需求				
	3	4	5	6	12	13	14	15	20	21	22	23	28	29	30	34					
快速充电	0	0	0	0	0	0	0	0	0	0	0	0	1	1	1	0	1	1	1	0	0
低能耗	0	0	0	0	0	0	0	0	0	0	0	0	0	1	0	0	1	0	1	1	0
长时间待机	0	0	0	0	0	0	0	0	0	0	0	1	0	1	0	0	1	1	0	0	0
屏幕指纹传感器	0	0	0	0	0	0	0	0	0	0	0	0	0	0	0	1	1	0	0	1	0

为了节省组装、拆卸的时间和成本，从而达到最小化总成本的目标，该制造商允许存在标准化和冗余策略。因此，该制造商需要确定允许不必要和冗余功能的产品模块化配置。此外，该制造商还需要决定如何选择通用和特有的模块，并根据不同细分市场和组装顺序的要求将所有模块组装到最终产品中，从而进行多平台设计。图 5.2 展示了手机不同系列模块的组装优先级顺序。其中，子板有八种不同的型号（3、4、5、6、7、8、9、10），电池有六种型号（28、29、30、31、32、33）。这些不同的模块具有不同的功能和偏好。

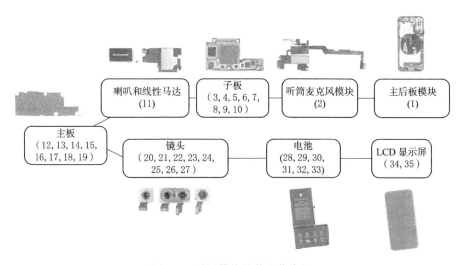

图 5.2　手机模块的装配优先级

表 5.5 中还显示了部分模块包含的主要功能。假设手机功能可以由平台中的模块实现，并且模块可以从平台上拆卸而不会被损坏。因此，制造商可以从平台上拆卸具有不必要功能的模块。此外，某些模块（如模块 3）包含一个以上的功能，而其他模块（如模块 19）仅具有一个功能。仅具有一个功能的模块在本章中

称为基本模块。产品和模块的数量分别为 $5(I=5)$ 和 $35(J=35)$，其中包括所有客户所需基本功能的三个模块 1、2 和 11，产品功能数量为 $19(K=19)$。平台的最大数量为 $4(P=4)$，每个平台的固定成本为 $1000(FC=1000)$。

规模经济水平为 g，组装时间 t_{pj}、t_{aj} 和拆卸时间 t_{rj} 假设为不确定线性变量，它们遵循以下三种不确定线性分布：$g \sim L(0.6,1)$，$t_{pj} \sim L(0.1,0.35)$，$t_{aj} \sim L(0.2,0.45)$，$t_{rj} \sim L(0.1,0.6)$。置信水平 $\alpha=0.8$ 表示可以在交货期 $T=6000$ 之内交付产品的可信度。此外，假设基本模块和其他模块成本不同。模块成本见表 5.6。

表 5.6　模块成本

项目	MC_j	AC_j	DC_j	C_j	S_j
基本模块成本/元	2	4.5	10.5	6	3
其他模块成本/元	3	5	12.5	8.5	5.25

下文将对平台的数量、不同情况下的成本配置、不确定的组装和拆卸时间分布、置信水平 α 和不同的交货时间 T 进行比较，从而讨论标准化和冗余策略的优缺点。为了实现这一目标，实验中使用 CPLEX 12.8 编程求解该不确定决策模型。

5.4.1　最大平台数的影响

第一个实验用来分析限制最大平台数量 P 时成本的变化。表 5.7 列出了不同模型下的最佳平台解决方案和总成本。从表 5.7 中可以得出以下结论。

最佳平台数量为 5。在 $P=5$ 的情况下，所有模型的总成本最小。值得注意的是，对于模型 A，最佳平台数量等于产品数量（$P=I$）。直观的解释有两个方面。第一，由于规模经济，在平台上批量生产和组装产品是有利可图的。但是，由于产品的配置不同且拆卸成本高，制造商无法在较少的平台上生产所有产品。因此，产品在单独的平台上生产，以最大限度地降低总成本。第二，由于产品功能要求的差异，当最大平台数不够时，在不允许标准化和冗余的情况下，该平台才能使用通用的模块。例如，当 $P=3$ 时，平台只能生产用于模型 A 的模块 $[1, 2]$。换句话说，如果制造商不允许标准化或冗余策略且平台的固定成本相对较低时，他们可以在单独的平台上生产所有产品以节省成本。

表 5.7 最优平台数量和总成本

最大平台数量	模型	最优平台描述	总成本/元
$P=3$	A	产品 3、4 和 5 在一个带有模块 [1，2] 的平台中组装，所有其他产品在单独的平台中组装	148 985
	B	产品 1 和 2 在一个带有模块 [1，2，7，14] 的平台中组装，产品 3、4 和 5 在一个带有模块 [1，2] 的平台中组装	129 285
	C	产品 1 和 2 在一个带有模块 [1，2，7，14] 的平台中组装，产品 3 和 4 在一个带有模块 [1，2] 的平台中组装，所有其他产品在单独的平台中组装	134 560
	D	产品 3、4 和 5 在一个带有模块 [1，2] 的平台中组装，所有其他产品在单独的平台中组装	148 985
	E	产品 1 和 2 在一个带有模块 [1，2，7，14] 的平台中组装，产品 3、4 和 5 在一个带有模块 [1，2] 的平台中组装	129 285
$P=4$	A	产品 2 和 4 在一个带有模块 [1，2，10] 的平台中组装，所有其他产品在单独的平台中组装	148 615
	B	与 $P=3$ 相同的解决方案组装	129 285
	C	与 $P=3$ 相同的解决方案组装	134 560
	D	产品 1 和 4 在一个带有模块 [1，2，10] 的平台中组装，所有其他产品在单独的平台中组装	148 440
	E	与 $P=3$ 相同的解决方案组装	129 285
$P=5$	A	所有产品都在单独的平台中组装	147 765
	B	与 $P=3$ 相同的解决方案组装	129 285
	C	与 $P=3$ 相同的解决方案组装	134 560
	D	所有产品都在单独的平台中组装	147 765
	E	与 $P=3$ 相同的解决方案组装	129 285
$P=6$	所有	与 $P=5$ 相同的解决方案组装	—

至于模型 B，如果允许全部标准化，则只需要两个平台就足够了，总成本在五个模型中最低，为 129 285 元。对于部分标准化的模型 C，则需要三个平台。模型 C 的最优成本比模型 B 的最优成本高。其原因是由于受到不必要功能数量的限制，必须拆卸一些非必要的功能，并且模型 C 的平台无法像模型 B 的平台那样共享。因此，模型 C 需要额外的一个平台，总成本更高。

对于模型 D，本节仅考虑具有部分功能冗余的情况，因为这在现实中更常见。

当 $P=4$ 时，模型 D 的成本低于模型 A 的成本。在这种情况下，两个模型都具有三个公共平台和一个不同的平台。模型 A 的平台包含模块 [1, 2, 7, 14]，而模型 D 的平台包含模块 [1, 2, 5, 10]。由于模型 D 具有冗余功能，节省了拆装成本。对于模型 E，因为在当前产品配置中标准化比冗余起着更重要的作用，所以它与模型 A 的成本相同。

5.4.2　不同成本方案的影响

本节将前文的五种组装策略与几种成本方案进行比较。为此，本组实验改变了批量组装成本 MC_j、单位组装成本 AC_j、拆卸成本 DC_j 和生产成本 C_j 的值，同时保持其他参数不变。为了便于探索几种成本方案，本节使用了表 5.8 中的三个参数，其中，"A""B""C"表示三种成本情景，"+""1""−"代表两种成本间的关系。

表 5.8　成本情景中的三个参数

参数	含义
$X = \dfrac{MC_j}{C_j}$	A：$X \geqslant 5$，表示批量组装成本远高于生产成本
	B：$X = 1$，表示批量组装成本和生产成本相等
	C：$X \leqslant 0.1$，表示生产成本远高于批量组装成本
$Y = \dfrac{C_j}{AC_j}$	+：$Y \geqslant 2$，表示生产成本远高于组装成本
	1：$Y = 1$，表示生产成本和组装成本相等
	−：$Y \leqslant 0.5$，表示组装成本远高于生产成本
$Z = \dfrac{AC_j}{DC_j}$	+：$Z \geqslant 2$，表示组装成本远高于拆卸成本
	1：$Z = 1$，表示组装成本和拆卸成本相等
	−：$Z \leqslant 0.5$，表示拆卸成本远高于组装成本

由上生成 27 个成本情景（C1～C27），其中包含三个参数 X、Y、Z。带有参数值的成本方案见表 5.9。

表 5.9　成本情景

参数	C1	C2	C3	C4	C5	C6	C7	C8	C9
X	A	A	A	A	A	A	A	A	A
Y	+	+	+	1	1	1	−	−	−
Z	+	1	−	+	1	−	+	1	−

续表

参数	C10	C11	C12	C13	C14	C15	C16	C17	C18
X	B	B	B	B	B	B	B	B	B
Y	+	+	+	1	1	1	−	−	−
Z	+	1	−	+	1	−	+	1	−
参数	C19	C20	C21	C22	C23	C24	C25	C26	C27
X	C	C	C	C	C	C	C	C	C
Y	+	+	+	1	1	1	−	−	−
Z	+	1	−	+	1	−	+	1	−

  本节将没有标准化和冗余的模型 A 设置为基本模型，并将其结果作为参考值。基本模型与其他模型的差异以百分比表示，并计算相对偏差。相对偏差等于基本模型与其他模型的差再除以基本模型结果的值。

  首先分析总成本，并根据各种成本结构将其他模型与基本模型进行比较。图 5.3 展示了基本模型与具有部分功能冗余的 D 模型的总成本差距。从图 5.3 中可以看出，除非生产成本高于批量装配成本，否则 D 模型与基本模型的成本相同。在 B 成本区域，生产成本等于批量装配成本。在该区域中模型 A 和 D 的差距很小。在 C 成本区域，生产成本相对最高，模型 A 和 D 差距达到最大值，但不是很大，不超过 7%。

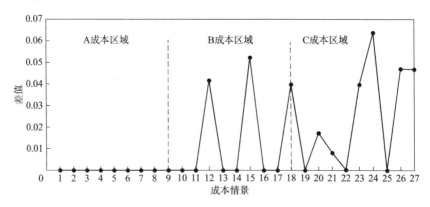

图 5.3 冗余的总成本缺口

  从图 5.4 中可以明显看出，标准化策略比功能冗余有更多的波动，主要是因为在模块和客户需求中，不必要的功能比冗余功能更常见。在 A 和 B 成本区域，大规模装配的成本大于或等于生产成本，模型 B 和 E 的目标函数值相同。在所有成本区域中，模型 C 的目标函数值最低。其原因有以下两个方面。首先，冗余策略无法在 A 和 B 成本区域中成功应用。与冗余策略相比，标准化策略总能获得最低的成本，因此模型 E 仅受标准化策略的影响。其次，不同模型允许的不必要功能的数量不同。模型 C 允许的最大额外功能数为 2($\epsilon=2$)，而模型 E 允许 3 个最大额外功能($\gamma=3$)。因为多了一项额外的功能，模型 E 不受部分标准化的限制，因此它与模型 B 的差距相同。当设置 $\epsilon=\gamma=2$（图 5.5）时，模型 E 也受到部分标准化的限制，这时它与模型 C 具有相同的结果。

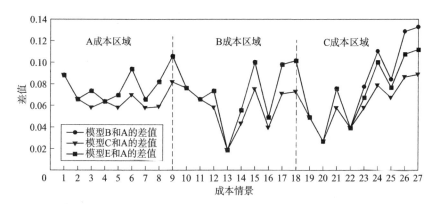

图 5.4 模型 B、模型 C 和模型 E 的总成本差距（$\epsilon=2,\gamma=3$）

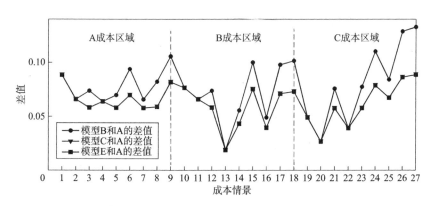

图 5.5 模型 B、模型 C 和模型 E 的总成本差距（$\epsilon=2,\gamma=2$）

在图 5.4 的 C 成本区域，当生产成本高于批量装配成本时，三个模型显示出不同的结果，模型 B 和模型 A 的差距最大。尽管模型 B 不允许冗余，但是完全标准化为产品配置提供了较大的自由度。相比之下，模型 C 受部分标准化限制，没有冗余，因此和模型 A 之间的差距最小。对于模型 E，当 $\gamma=3$ 时，其结果处于模型 B 和模型 C 之间；当 $\gamma = 2$ 时，其结果与模型 C 相同。显然，与模型 C 相比，允许增加一项额外功能有助于降低模型 E 的成本，但是部分标准化会使模型 E 的结果低于模型 B。图 5.6 中考察了除部分标准化外，冗余是否对模型 E 产生影响。显然，当冗余功能的最大数量增加时，模型 E 可以节省更多成本。

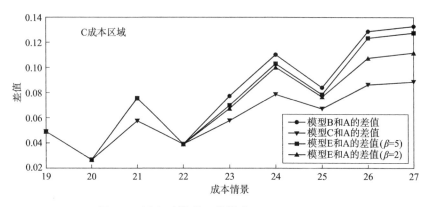

图 5.6　冗余对模型 E 的影响（$\alpha = 2, \gamma = 3$）

在某些成本情景中，模型 B 和模型 C 的结果相同。所有的成本情景都具有相同的特征，即生产成本大于或等于组装成本，原因是功能更多的模块比基本模块生产成本高，而组装成本相对较低。在这种情况下，标准化没有明显优势，并且不必要功能的数量减少了。基于此，全面标准化和部分标准化具有相同的目标值。

5.4.3　响应时间 T 和置信水平 α 的影响

本节将研究不同响应时间 T 和置信水平 α 对总成本的影响。从图 5.7 中可以看到，总成本在 T 增加时减少。与标准化模型相比，T 的增加使基本模型的总成本下降得更快，尤其是当置信水平 α 降低时（图 5.8）。主要原因是标准化有助于减少用于组装产品的模块数量。因此，约束（5.19）对完全标准化和部分标准化结果的影响较小。一方面，T 在基本模型中起着重要作用，较大的 T 允许为产品配置提供更多选择。因此，增加 T 会使基本模型的目标函数值显著下降，而对标准化模型的影响很小。另一方面，α 表示约束（5.19）中事件发生的可信度不小于相应的置信水平。当 α 减小时，它对基本模型的影响要大于标准化的模型。这解释了总成本随着 T 增大和 α 减小而减小的原因。

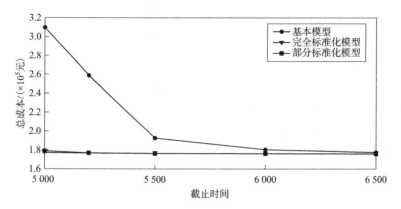

图 5.7　在成本情景 C4 中总成本随 T 的变化（$\alpha = 0.8$）

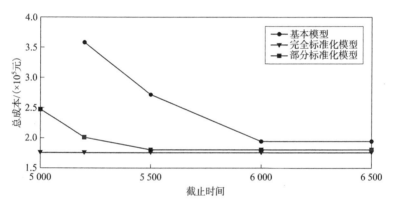

图 5.8　在成本情景 C10 中总成本随 T 的变化（$\alpha = 0.7$）

5.5　小　　结

迄今为止，大多数研究涉及产品配置及其顺序组装或拆卸，但大多将其作为单独的活动进行研究。本章提出的不确定决策模型——模块化的多平台产品配置，为考虑装配和拆卸模块提供了一种新方法。通用模块和平台下的大规模组装为产品提供通用性，可以自定义地从平台上组装和拆卸的模块为定制产品提供独特性。本章提出的 5 种模型提供了最佳产品配置、产品平台及其数量的最优解，以及组装和拆卸的最优顺序等。本章提出的模型应用了标准化和冗余的原则，这有助于减少制造时间和生产过程中的成本。本章还通过应用多个成本场景和各种参数（包括不同成本场景的参数、最大平台数、交付时间和置信水平）测试了模型的有效性。由于所提出的模型是高度非线性的，本章使用不确定理论和现有的线性化方法将模型转换为确定性线性模型，并使用 CPLEX 12.8 软件求解模型及进行了敏感性分析。研究结果如下：

1）具有标准化和冗余策略的产品配置所需要的平台要少于基本模型。

2）完全标准化通常是最具成本效益的，但是产品之间的多元化模块较少。从经济角度来看，标准化表现比冗余更好。

3）当响应时间和置信水平增加时，基本模型比包含标准化和冗余策略的模型更加敏感。

第6章 结论与展望

本章将从管理视角分析第 3～5 章建立的模型对产品平台设计和生产决策的影响。

随着客户越来越重视个性化，产品必须多样化以满足客户需求，这使得制造商越来越重视平台策略。当制造商计划开发新产品时，通常会将现有的消费群体划分为不同的细分市场，每个细分市场的划分一般依据该市场消费者的特定要求和购买力。根据从不同细分市场收集的需求，制造商设计一组产品以满足这些客户的需求。提供多种产品有助于制造商扩大目标消费群体并保持其产品的竞争力。为了吸引更多的客户，赢得更多的市场份额和增加销售量，制造商将其生产范式从大规模生产转移到个性化定制。但是，产品设计、开发和制造成本增加的风险使制造商难以维持规模经济。产品定制和规模经济之间的权衡促使制造商部署平台策略以补偿产品定制带来的不利影响，并以更灵活的方式构建产品开发流程。

平台策略已成为当今流行的产品设计策略。目前普遍认为，平台是整个产品系列中共享的有形或无形资产。在物理结构中，产品平台被定义为一组子系统和接口，这些子系统和接口可以被分解为许多产品具有的相同属性的通用结构。因此，平台与产品系列的基本结构相同，一旦设计完成，便可以在整个产品系列中投入使用。一个强大而灵活的平台可以为制造商带来很多好处。首先，由于整个产品系列中共享的相同组件具有规模经济效应，所以使用寿命长的平台可降低产品的单位成本。其次，基于平台的产品开发降低了固定成本，因为改装旧平台而不是整条生产线即可轻松更改产品设计方案。快速完成组件替换还增强了制造过程的灵活性，从而允许在设计和开发上进行更多投资。此外，平台策略激励企业在设计和开发方面做出努力，从而实现更好的架构、更紧密的组件集成并提高新产品的响应速度。简而言之，平台策略为制造商提供了多种产品，帮助他们降低了各种产品设计的复杂性，并更好地利用了产品设计和开发方面的投资。

如今，针对产品的个性化定制，平台策略已受到越来越多的关注。在开发新产品系列时，制造商有多种生产设计范例的策略。制造商可以建立独立开发产品的生产线，建立基于单产品平台的生产线，建立基于多产品平台的生产线或者建立基于多平台模块化产品的生产线。前文已经证明，在大多数情况下，独立开发产品的利润要比在平台上开发产品的利润低。

现实中，由于设计复杂性、资源限制等原因，很难完全准确地预测客户需求、响应时间和规模经济水平。因此，考虑产品配置在不确定环境中运行是恰当的。此外，制造商正在努力寻找多种策略保持竞争力。许多行业希望投入更多的资金提升产品个性化定制水平，缩短将产品推向市场的时间，这样，他们可以确保产品紧跟技术发展，从而提高客户满意度、忠诚度和市场占有率。产品平台策略在其中起着重要作用。

从案例研究、数值结果和模型参数对最优解的影响中可以发现本书提出的模型有以下管理实践意义。

在考虑组件共享策略的产品单平台设计与生产决策优化中可以发现，尽管将平台和组件共享相结合的方法可能会带来有利可图的产品系列，但与单独应用这两种方法相比，它可获利的范围有限，但是它优于独立开发方案。因此，在预估所有参数的范围后，制造商可以选择合适的策略设计开发产品。

在考虑外包策略的产品模块化平台设计与生产决策优化研究中发现，响应时间不确定性的增加会降低市场需求及总利润。因此，当交货期不确定性很高时，制造商应考虑外包更多的组件。与非外包策略相比，外包策略将保护制造商免受由于响应时间不确定性较高而造成的高额损失。当产品种类繁多时，响应时间不确定对利润的影响要大于对小规模产品系列的影响。因此，制造商在生产大规模产品时应考虑更加灵活的生产模式，以避免不确定性造成的损失。

在考虑标准化与冗余策略的产品多平台模块化设计与生产决策优化中发现，这两种策略可以帮助制造商更加灵活地生产。首先，这两种策略可以帮助制造商减少产品平台的建设数量，节约建造成本，缩短客户响应时间。其次，在对成本进行分析后本书发现，相对于冗余策略，标准化策略更有优势。因此，制造商在选择策略时可以优先选择标准化策略。最后，当产品配置中的不确定性增加时，制造商更应该考虑灵活的生产模式，增加标准化和冗余策略等，降低不确定性带来的利润损失。

本书还有一些局限性需要指出。首先，本书第 3 章和第 5 章假设所有模块都是由制造商生产的。未来的研究可以通过一些策略放松这一假设，如预购策略、推迟策略等。此外，未来的研究可以通过启发式算法求解模型，如遗传算法、禁忌搜索和粒子群优化（PSO）等。其次，由于产品配置中存在组件购买和运输的外包策略，未来的研究可以考虑碳排放的影响。最后，当前存在若干种刻画不确定性的手段，诸如模糊性与随机性，这些手段在实际生产过程中往往可能并存。鉴于此，在未来面对不确定性环境时，应当充分利用多元化的不确定性描述方法。

如今，为了满足客户需求，必须进行个性化定制生产。尽管制造商有可能通过提供价格合理的各种产品保持客户忠诚度，但他们仍面临着批量生产效率和客户需求等方面的困境。因此，本书研究内容主要的挑战是如何在保证低成本的同时维持高客户效用。本书提出的模型可帮助制造商灵活配置产品，提出的策略有助于企业以低成本保持产品多样化。未来的研究前景是考虑工业 4.0 时代所有制造过程的集成，期望在生产中使用诸如物联网和信息物理系统之类的技术，使新的制造流程具有与客户互动的实时决策能力。

参 考 文 献

中文文献

陈章跃，王勇，王义利，2020．考虑产品模块化设计的闭环供应链回收模式选择 [J]．系统管理学报，29（5）：1003－1010．

程贤福，2018．面向可适应性的产品平台功能需求建模与分析 [J]．科研管理，39（3）：29－36．

程贤福，万永晟，万丽云，等，2020．产品族模块关联分析及优先次序识别 [J]．机械设计，37（12）：82－89．

程贤福，周健，肖人彬，等，2020．面向绿色制造的产品模块化设计研究综述 [J]．中国机械工程，31（21）：2612－2625．

程德通，李登峰，余高锋，2017．大规模定制模式下多类型评价信息的多目标生产指派问题 [J]．控制与决策，32（11）：2099－2106．

但斌，经有国，孙敏，等，2012．在线大规模定制下面向异质客户的需求智能获取方法 [J]．计算机集成制造系统，18（1）：15－24．

杜纲，张铁斌，缪琛璐，等，2018．产品族模块化设计与平台配置的主从关联优化 [J]．计算机集成制造系统，24（2）：455－463．

樊蓓蓓，祁国宁，俞涛，2013．基于网络分析法的模块化产品平台中零部件模块通用性分析 [J]．计算机集成制造系统，19（5）：918－925．

方爱华，卢佳骏，2017．大规模定制条件下创新文化研究新视角——模块化设计及流程自动化的二次影响 [J]．科学学与科学技术管理，38（4）：117－125．

顾新建，祁国宁，马军，等，2012．模块化技术的应用现状和趋势 [J]．成组技术与生产现代化，29（1）：15－48．

金鹏，沈雷，薛哲彬，等，2020．我国服装行业大规模定制的发展现状与策略分析 [J]．上海纺织科技，48（6）：1－4．

黎继子，刘春玲，肖位春，等，2018．考虑模块化和退货率的供应链大规模定制模型 [J]．系统管理学报，27（3）：546－558．

李浩，祁国宁，纪杨建，等，2013．面向服务的产品模块化设计方法及其展望 [J]．中国机械工程，24（12）：1687－1695．

李雪，李芳，2021．云环境下大规模定制中资源配置研究 [J]．工业工程，24（1）：147－154．

李民，锁立赛，姚建明，2019．基于多阶段模糊规模效应量化的 TMC 模式下供应链调度优化研究 [J]．运筹与管理，28（8）：59－68．

李浩，陶飞，文笑雨，等，2018. 面向大规模个性化的产品服务系统模块化设计 [J]. 中国机械
    工程，29 (18)：2204 - 2214.

林森，但斌，2005. 面向大规模定制的产品平台管理模型 [J]. 管理工程学报，19 (1)：51 - 55.

凌永辉，徐从才，李冠艺，2017. 大规模定制下流通组织的网络化重构 [J]. 商业经济与管理
    (6)：5 - 12.

刘畅，姚建明，2020. 基于供应商满意度与模糊能力的服务大规模定制供应链调度优化 [J]. 系
    统管理学报，29 (2)：273 - 281.

刘艳梅，任佳，江支柱，等，2014. 大批量定制下按订单装配产品同步生产计划方法 [J]. 计算
    机集成制造系统，20 (6)：1352 - 1358.

卢纯福，柴灏，2019. 机电产品模块化设计重用的博弈决策 [J]. 浙江工业大学学报，47 (4)：
    406 - 410.

鲁玉军，雷呈瑜，顾新建，等，2013. 基于最大适应度优化算法的订单产品模块化设计方法 [J].
    计算机集成制造系统，19 (5)：909 - 917.

马士华，林勇，2002. 基于随机提前期的 (Q，r) 库存模型 [J]. 计算机集成制造系统 (5)：
    396 - 398.

孟庆良，周芬，蒋秀军，2015. 基于顾客需求分类重组的大规模定制服务族规划 [J]. 管理工程
    学报，29 (1)：82 - 88.

盛步云，汪星刚，萧筝，等，2017. 基于客户需求分析的模块化产品配置方法 [J]. 计算机集成
    制造系统，23 (10)：2091 - 2100.

石岿然，高艳，季欣，2017. 大规模定制下消费者购买意愿及影响因素研究 [J]. 工业工程与管
    理，22 (2)：168 - 174.

王浩伦，侯亮，邹毅，2011. 产品平台演进模式及动力机制研究 [J]. 科研管理，32 (9)：117 - 124.

王秋月，李玉鹏，张娜，等，2022. 面向需求变更的复杂产品配置更新路径优选 [J]. 计算机集
    成制造系统，28 (12)：1 - 24.

王志亮，白少布，王云霞，2017. 基于顾客价值的定制产品供应链运作策略 [J]. 统计与决策
    (18)：45 - 50.

王玉，2014. 多 CODP 的大规模定制多阶段生产计划模型研究 [J]. 暨南学报 (哲学社会科学
    版)，36 (3)：127 - 135.

魏巍，王宇飞，陶永，2020. 基于云制造的产品协同设计平台架构研究 [J]. 中国工程科学，22
    (4)：34 - 41.

吴义爽，盛亚，蔡宁，2016. 基于互联网＋的大规模智能定制研究——青岛红领服饰与佛山维
    尚家具案例 [J]. 中国工业经济 (4)：127 - 143.

谢卫红，王永健，蓝海林，等，2014. 产品模块化对企业竞争优势的影响机理研究 [J]. 管理学
    报，11 (4)：502 - 509.

袁际军，黄敏镁，杨宏林，等，2018. 客户需求动态变更驱动下的产品配置更新建模与优化 [J]. 计算机集成制造系统，24 (10)：2584 - 2598.

张卫，丁金福，纪杨建，等，2019. 工业大数据环境下的智能服务模块化设计 [J]. 中国机械工程，30 (2)：167 - 173.

周兴建，黎继子，戴金山，等，2021. 基于 ACO 算法的云制造供应链订单决策优化模型及仿真 [J]. 系统工程，39 (5)：81 - 91.

周文辉，王鹏程，杨苗，2018. 数字化赋能促进大规模定制技术创新 [J]. 科学学研究，36 (8)：1516 - 1523.

朱佳栋，苏少辉，陈昌，等，2018. 面向产品配置设计的改进交互式遗传算法 [J]. 中国机械工程，29 (20)：2474 - 2478.

外文文献

AGARD B，BASSETTO S，2013. Modular design of product families for quality and cost [J]. International Journal of Production Research，51 (5)：1648 - 1667.

AGRAWAL T，SAO A，FERNANDES K J，et al，2013. A hybrid model of component sharing and platform modularity for optimal product family design [J]. International Journal of Production Research，51 (2)：614 - 625.

AHALAWAT N，BANSAL K K，2012. Optimal ordering decision for deteriorated items with expiration date and uncertain lead time [J]. International Journal of Management Research and Reviews，2 (6)：1054 - 1074.

AHELEROFF S，PHILIP R，ZHONG R，et al，2019. The degree of mass personalisation under industry 4.0 [J]. Procedia CIRP (81)：1394 - 1399.

AHELEROFF S，XU X，LU Y，et al，2020. IoT-enabled smart appliances under industry 4.0：a case study [J]. Advanced Engineering Informatics (43)：101043.

BARKER VIRGINIA E，BENNETT D A，KUSIAK A，1989. Expert systems for configuration at digital：XCON and beyond [J]. Communications of the ACM，32 (3)：298 - 318.

BAUD-LAVIGNE B，AGARD B，PENZ B，2016. Simultaneous product family and supply chain design：an optimization approach [J]. International Journal of Production Economics (174)：111 - 118.

BEN-ARIEH D，EASTON T，CHOUBEY A M，2009. Solving the multiple platforms configuration problem [J]. International Journal of Production Research，47 (7)：1969 - 1988.

BURDA Z，JANIK R，WACLAW B，2010. Spectrum of the product of independent random Gaussian matrices [J]. Physical Review E，81 (4)：041132.

CHEN C，WANG L，2008. Multiple-platform based product family design for mass customization using a modified genetic algorithm [J]. Journal of Intelligent Manufacturing，19 (5)：577 - 589.

CHEN S, WANG Y, TSENG M M, 2009. Mass customisation as a collaborative engineering effort [J]. International Journal of Collaborative Engineering, 1 (2): 152 - 167.

CHOI J H, GOVINDARAJU P, DAVENDRAINGAM N, et al, 2013. Platform design for fleet-level efficiency under uncertain demand: application for air mobility command (AMC) [C]. Aviation Technology, Integration & Operations Conference: 4328.

CHOPRA S, SODHI M S, 2004. Managing risk to avoid supply-chain breakdown [J]. MIT Sloan Management Review, 46 (1): 53 - 61.

CHOWDHURY S, MESSAC A, KHIRE R A, 2011. Comprehensive product platform planning (CP3) framework: presenting a generalized product family model [J]. Journal of Mechanical Design, 133 (10): 1490 - 1495.

CLINE D B H, SAMORODNITSKY G, 1994. Subexponentiality of the product of independent random variables [J]. Stochastic Processes and Their Applications, 49 (1): 75 - 98.

COHEN Y, FACCIO M, GALIZIA F G, et al, 2017. Assembly system configuration through Industry 4.0 principles: the expected change in the actual paradigms [J]. Ifac Papersonline, 50 (1): 14958 - 14963.

DAI Z, SCOTT M J, 2007. Product platform design through sensitivity analysis and cluster analysis [J]. Journal of Intelligent Manufacturing, 18 (1): 97 - 113.

DE WECK O L, SUH E S, CHANG D, 2003. Product family and platform portfolio optimization [C]. Proceedings of the ASME Design Engineering Technical Conference: 175 - 185.

DIABAT A, DEHGHANI E, JABBARZADEH A, 2017. Incorporating location and inventory decisions into a supply chain design problem with uncertain demands and lead times [J]. Journal of Manufacturing Systems (43): 139 - 149.

DIGNAN L. Is Dell hitting the efficiency wall? [R/OL]. (2002 - 08 - 12) [2019 - 05 - 23]. https://www.cnet.com/tech/tech-industry/is-dell-hitting-the-efficiency-wall/.

DURAY R, 2002. Mass customization origins: mass or custom manufacturing? [J]. International Journal of Operations & Production Management, 22 (3): 314 - 328.

FALKNER A, FELFERNIG A, HAAG A, 2011. Recommendation technologies for configurable products [J]. Ai Magazine, 32 (3): 99 - 108.

FARRELL R S, SIMPSON T W, 2003. Product platform design to improve commonality in custom products [J]. Journal of Intelligent Manufacturing (14): 541 - 556.

FEITZINGER E, LEE H L, 1997. Mass-customization at Hewlett-Packard: the power of postponement [J]. Harvard Business Review, 75 (1): 116 - 121.

FELFERNIG A, 2007. Standardized configuration knowledge representations as technological foundation for mass customization [J]. IEEE Transactions on Engineering Management, 54 (1): 41 - 56.

FELFERNIG A，FRIEDRICH G，JANNACH D，2001. Conceptual modeling for configuration of mass-customizable products [J]. Artificial Intelligence in Engineering，15 (2)：165 – 176.

FELFERNIG A，FRIEDRICH G，JANNACH D，et al，2003. Configuration knowledge representations for semantic web applications [J]. Ai EDAM，17 (1)：31 – 50.

FISHER M L，1997. What is the right supply chain for your product? A simple framework can help you figure out the answer [J]. Harvard Business Review，75 (2)：105 – 116.

FISHER M，RAMDAS K，ULRICH K，1999. Component sharing in the management of product variety：a study of automotive braking systems [J]. Management Science，45 (3)：297 – 315.

FIXSON S K，2005. Product architecture assessment：a tool to link product，process，and supply chain design decisions [J]. Journal of Operations Management，23 (4)：345 – 369.

FOGLIATTO F S，SILVEIRA G J C D，BORENSTEIN D，2012. The mass customization decade：an updated review of the literature [J]. International Journal of Production Economics，138 (1)：14 – 25.

FREDBERG T，PILLER F T，2011. The paradox of tie strength in customer relationships for innovation：a longitudinal case study in the sports industry [J]. R&D Management，41 (5)：470 – 484.

FRUTOS J D，SANTOS E R，BORENSTEIN D，2004. Decision support system for product configuration in mass customization environments [J]. Concurrent Engineering，12 (2)：471 – 478.

GOSWAMI M，TIWARI M K，2015. Product feature and functionality driven integrated framework for product commercialization in presence of qualitative consumer reviews [J]. International Journal of Production Research，53 (16)：4769 – 4788.

HAHN G J，SENS T，DECOUTTERE C，et al，2016. A multi-criteria approach to robust outsourcing decision-making in stochastic manufacturing systems [J]. Computers & Industrial Engineering，98 (8)：275 – 288.

HANAFY M，ELMARAGHY H，2015. A modular product multi-platform configuration model [J]. International Journal of Computer Integrated Manufacturing，28 (9)：999 – 1014.

HAUG A，SHAFIEE S，HVAM L，2019. The costs and benefits of product configuration projects in engineer-to-order companies [J]. Computers in Industry (105)：133 – 142.

HESSMAN T，2014. Have it your way：manufacturing in the age of mass customization [J]. Industry Week (263)：14 – 16.

HONG G，HU L，XUE D，et al，2008. Identification of the optimal product configuration and parameters based on individual customer requirements on performance and costs in one-of-a-kind production [J]. International Journal of Production Research，54 (12)：369 – 391.

HONG G, XUE D, TU Y, 2010. Rapid identification of the optimal product configuration and its parameters based on customer-centric product modeling for one-of-a-kind production [J]. Computers in Industry, 61 (3): 270 - 279.

HSU P H, WEE H M, TENG H M, 2007. Optimal ordering decision for deteriorating items with expiration date and uncertain lead time [J]. Computers & Industrial Engineering, 52 (4): 448 - 458.

HVAM L, KRISTJANSDOTTIR K, SHAFIEE S, et al, 2019. The impact of applying product-modelling techniques in configurator projects [J]. International Journal of Production Research, 57 (14): 4435 - 4450.

HVAM L, MORTENSEN N H, RIIS J, 2008. Product customization [M]. Heidelberg: Springer.

JANNACH D, ZANKER M, 2013. Modeling and solving distributed configuration problems: a CSP-based approach [J]. IEEE Transactions on Knowledge & Data Engineering, 25 (3): 603 - 618.

JIAO J R, SIMPSON T W, SIDDIQUE Z, 2007. Product family design and platform-based product development: a state-of-the-art review [J]. Journal of Intelligent Manufacturing, 18 (1): 5 - 29.

JIAO J, ZHANG Y, 2005. Product portfolio planning with customer-engineering interaction [J]. IIE Transactions, 37 (9): 801 - 814.

JIN M, WANG H, ZHANG Q, et al, 2020. Supply chain optimization based on chain management and mass customization [J]. Information Systems and e-Business Management (18): 647 - 664.

JOSE A, TOLLENAERE M, 2005. Modular and platform methods for product family design: literature review [J]. Journal of Intelligent Manufacturing, 16 (3): 371 - 390.

KHALAF E H, AGARD B, PENZ B, 2011. Module selection and supply chain optimization for customized product families using redundancy and standardization [J]. IEEE Transactions on Automation Science and Engineering, 8 (1): 118 - 129.

KIANGALA K S, WANG Z, 2019. An Industry 4.0 approach to develop auto parameter configuration of a bottling process in a small to medium scale industry using PLC and SCADA [J]. Procedia Manufacturing (35): 725 - 730.

KORTMANN S, GEFHARD C, ZIMMERMANN C, et al, 2016. Linking strategic flexibility and operational efficiency: the mediating role of ambidextrous operational capabilities [J]. Operations Research, 32 (7-8): 475 - 490.

KRISHNAN V, GUPTA S, 2001. Appropriateness and impact of platform-based product development [J]. Management Science, 47 (1): 52 - 68.

KRISTAL M M，HUANG R，SCHROEDER R G，2010. The effect of quality management on mass customization capability [J]. International Journal of Operations & Production Management，30（9-10）：900-922.

KRISTIANTO Y，HELO P，JIAO R J，2015. A system level product configurator for engineer-to-order supply chains [J]. Computers in Industry（72）：82-91.

KUMAR A，1989. Component inventory costs in an assembly problem with uncertain supplier lead-times [J]. IIE Transactions，21（2）：112-121.

KWAK M，KIM H，2013. Market positioning of remanufactured products with optimal planning for part upgrades [J]. Journal of Mechanical Design，135（1）：184-194.

LAI F，ZHANG M，LEE D M S，et al，2012. The impact of supply chain integration on mass customization capability：an extended resource-based view [J]. IEEE Transactions on Engineering Management，59（3）：443-456.

LEE C H，CHEN，LIN，et al，2019. Developing a quick response product configuration system under Industry 4. 0 based on customer requirement modeling and optimization method [J]. Applied Sciences，9（23）：5004-5030.

LEE C K M，YEUNG Y C，HONG Z，2012. An integrated framework for outsourcing risk management [J]. Industrial Management & Data Systems，112（4）：541-558.

LI H，AZARM S，2002. An approach for product line design selection under uncertainty and competition [J]. Journal of Mechanical Design，124（3）：385-392.

LINS T S，OLIVEIRA R A R，2020. Cyber-physical production system retrofitting in context of Industry 4. 0 [J]. Computers & Industrial Engineering（139）：106193.

LIU B，2007. Uncertainty theory [M]. Berlin：Springer-Verlag.

LIU B，2009. Theory and practice of uncertain programming [M]. Heidelberg：Springer.

LIU B，2012. Why is there a need for uncertainty theory? [J]. Journal of Uncertain Systems，6（1）：3-10.

LIU Y H，HA M H，2010. Expected value of function of uncertain variables [J]. Journal of Uncertain Systems，4（3）：181-186.

LIU Y，TYAGI R K，2017. Outsourcing to convert fixed costs into variable costs：a competitive analysis [J]. International Journal of Research in Marketing，34（1）：252-264.

LIU Z，WONG Y S，LEE K S，2010. Modularity analysis and commonality design：a framework for the top-down platform and product family design [J]. International Journal of Production Research，48（10）：3657-3680.

LIU Z，WONG Y S，LEE K S，2011. A manufacturing-oriented approach for multi-platforming product family design with modified genetic algorithm [J]. Journal of Intelligent Manufacturing，22（6）：891-907.

LU H，YUE T，ALI S，et al，2016. Model-based incremental conformance checking to enable interactive product configuration [J]. Information and Software Technology (72)：68 - 89.

MA S，WANG W，LIU L，2002. Commonality and postponement in multistage assembly systems [J]. European Journal of Operational Research，142 (3)：523 - 538.

MAILHARRO D，1998. A classification and constraint-based framework for configuration [J]. Ai EDAM，12 (4)：383 - 397.

MASON S J，COLE M H，ULREY B T，et al，2002. Improving electronics manufacturing supply chain agility through outsourcing [J]. International Journal of Physical Distribution & Logistics Management，32 (7)：610 - 620.

MATSUSHIMA N，PAN C，2016. Strategic perils of outsourcing：sourcing strategy and product positioning [J]. ISER Discussion Paper (983)：1 - 23.

MC DERMOTT J，1982. R1：a rule-based configure of computer systems [J]. Artificial Intelligence，19 (1)：39 - 88.

MC GUINNESS D L，WRIGHT J R，1998. Conceptual modelling for configuration：a description logic-based approach [J]. Ai EDAM，12 (4)：333 - 344.

MEYER M H，LEHNERD A P，1997. The power of product platforms [J]. International Journal of Mass Customisation，1 (13)：1 - 13.

MITTAL S，FRAYMAN F，1989. Towards a generic model of configuration tasks [C]. International Joint Conference on Artificial Intelligence (35)：44 - 48.

MOON S K，MCADAMS D A，2009. Universal product platform and family design for uncertain markets [C]. In Proceedings of the International Conference on Engineering Design (ICED) (9)：24 - 27.

MOORTHY K S，1984. Market segmentation，self-selection，and product line design [J]. Marketing Science，3 (4)：288 - 307.

MOORTHY K S，PNG I P L，1992. Market segmentation，cannibalization，and the timing of product introductions [J]. Management Science，38 (3)：345 - 359.

MUSSA M，ROSEN S，et al，1978. Monopoly and product quality [J]. Journal of Economic Theory，18 (2)：301 - 317.

NIBLOCK M，1993. Mass customization：the new frontier in business competition? [J]. Long Range Planning，26 (6)：142 - 150.

NOBEOKA K，CUSUMANO M A，1997. Multiproject strategy and sales growth：the benefits of rapid design transfer in new product development [J]. Strategic Management Journal，18 (3)：169 - 186.

OLIVARES-BENITEZ E, GONZALEZ-VELARDE J L, 2008. A metaheuristic approach for selecting a common platform for modular products based on product performance and manufacturing cost [J]. Journal of Intelligent Manufacturing, 19 (5): 599 – 610.

OSHRI I, NEWELL S, 2005. Component sharing in complex products and systems: challenges, solutions, and practical implications [J]. IEEE Transactions on Engineering Management, 52 (4): 509 – 521.

PELTONEN H, MAENNISTO T, SOININEN T, et al, 1998. Concepts for modeling configurable products [C]. In Proceedings of European Conference Product Data Technology Days: 189 – 196.

PEREIRA J A, MATUSZYK P, KRIETER S, et al, 2018. Personalized recommender systems for product-line configuration processes [J]. Computer Languages, Systems & Structures, 54 (12): 451 – 471.

PETERSEN C, 1971. A note on transforming the product of variables to linear form in linear programs [D]. West Lafayette: Purdue University.

PILLER F T, 2007. Observations on the present and future of mass customization [J]. International Journal of Flexible Manufacturing Systems, 19 (4): 630 – 636.

PITIOT P, ALDANONDO M, VAREILLES E, 2014. Concurrent product configuration and process planning: some optimization experimental results [J]. Computers in Industry, 65 (4): 610 – 621.

PITIOT P, ALDANONDO M, VAREILLES E, et al, 2013. Concurrent product configuration and process planning, towards an approach combining interactivity and optimality [J]. International Journal of Production Research, 51 (2): 524 – 541.

PITIOT P, MONGE L G, ALDANONDO M, et al, 2020. Optimisation of the concurrent product and process configuration: an approach to reduce computation time with an experimental evaluation [J]. International Journal of Production Research, 58 (2): 631 – 647.

QU T, BIN S, HUANG G Q, et al, 2011. Two-stage product platform development for mass customisation [J]. International Journal of Production Research, 49 (8): 2197 – 2219.

RAHDAR M, WANG L, HU G, 2018. A tri-level optimization model for inventory control with uncertain demand and lead time [J]. International Journal of Production Economics, 195 (1): 96 – 105.

ROBERTSON D, ULRICH K T, 1998. Planning for product platforms [J]. Sloan Management Review, 39 (4): 19 – 34.

SABIN D, WEIGEL R, 1998. Product configuration frameworks—a survey [J]. IEEE Intelligent Systems & Their Applications, 13 (4): 42 – 49.

SALO J, EL-SALLABI H, VAINIKAINEN P, 2006. The distribution of the product of independent Rayleigh random variables [J]. IEEE Transactions on Antennas and Propagation, 52 (2): 639 – 643.

SALVADOR F, 2007. Toward a product system modularity construct: literature review and reconceptualization [J]. IEEE Transactions on Engineering Management (54): 219 - 240.

SALVADOR F, CIPRIANO F, MANUS R, 2002. Modularity, product variety, production volume, and component sourcing: theorizing beyond generic prescriptions [J]. Journal of Operations Management, 20 (5): 549 - 575.

SANDERSON S, UZUMERI M, 1995. Managing product families: the case of the Sony Walkman [J]. Research Policy, 24 (5): 761 - 782.

SARKAR S, GIRI B C, 2020. A vendor-buyer integrated inventory system with variable lead time and uncertain market demand [J]. Operational Research, 20 (1): 491 - 515.

SCHNEIDER F W, 1980. Review of uniqueness: the human pursuit of difference [J]. Canadian Psychology, 21 (4): 197 - 199.

SEEPERSAD C C, MISTREE F, ALLEN J K, 2002. A quantitative approach for designing multiple product platforms for an evolving portfolio of products [C]. Proceedings of the ASME Design Engineering Technical Conference: 579 - 592.

SELLADURAI R S, 2004. Mass customization in operations management: oxymoron or reality? [J]. Omega, 32 (4): 295 - 300.

SHAFIEE S, KRISTJANSDOTTIR K, HVAM L, et al, 2018. How to scope configuration projects and manage the knowledge they require [J]. Journal of Knowledge Management, 22 (5): 982 - 1014.

SIHEM BEN MAHMOUD-JOUINI, SYLVAIN LENFLE, 2010. Platform re-use lessons from the automotive industry [J]. International Journal of Operations & Production Management, 30 (1): 98 - 124.

SIMPSON T W, 2004. Product platform design and customization: status and promise [J]. Artificial Intelligence for Engineering Design, Analysis & Manufacturing, 18 (1): 3 - 20.

SKÖLD M, KARLSSON C, 2012. Product platform replacements: challenges to managers [J]. International Journal of Operations & Production Management, 32 (5 - 6): 746 - 766.

SOININEN T, TIIHONEN J, MNNIST T, et al, 1998. Towards a general ontology of configuration [J]. Artificial Intelligence for Engineering Design Analysis & Manufacturing, 12 (12): 357 - 372.

SONG D P, DINWOODIE J, 2008. Quantifying the effectiveness of VMI and integrated inventory management in a supply chain with uncertain lead-times and uncertain demands [J]. Production Planning and Control, 19 (6): 590 - 600.

SONG Q, NI Y, 2019. Optimal platform design with modularity strategy under fuzzy environment [J]. Soft Computing, 23 (3): 1059 - 1070.

SONG Q，NI Y，RALESCU A D，2021．The impact of lead-time uncertainty in product configuration [J]．International Journal of Production Research，59（3）：959－981．

STANLEY M D，2013．From "future perfect"：mass customizing [J]．Strategy and Leadership，17（2）：16－21．

STONE R B，WOOD K L，CRAWFORD R H，2000．Using quantitative functional models to develop product architectures [J]．Design Studies，21（3）：239－260．

SURYAKANT，TYAGI S，2015．Optimization of a platform configuration with generational changes [J]．International Journal of Production Economics，169（11）：299－309．

TIIHONEN J，FELFERNIG A，2010．Towards recommending configurable offerings [J]．International Journal of Mass Customisation，3（4）：389－406．

TRAN Y，HSUAN J，MAHNKE V，2011．How do innovation intermediaries add value? Insight from new product development in fashion markets [J]．R & D Management，41（1）：80－91．

TRENTIN A，PERIN E，FORZA C，2012．Product configurator impact on product quality [J]．International Journal of Production Economics，135（2）：850－859．

TSANG E，2014．Foundations of constraint satisfaction：the classic text [M]．Helsinki：BoD-Books on Demand．

TSENG H E，CHANG C C，CHANG S H，2005．Applying case-based reasoning for product configuration in mass customization environments [J]．Expert Systems with Applications，29（4）：913－925．

TVERSKY A，KAHNEMAN D，1986．Rational choice and the framing of decisions [J]．Journal of Business，59（4）：251－278．

ULRICH K，1995．The role of product architecture in the manufacturing firm [J]．Research Policy，24（3）：419－440．

WANG D，DU G，JIAO R J，et al，2016．A Stackelberg game theoretic model for optimizing product family architecting with supply chain consideration [J]．International Journal of Production Economics，172（2）：1－18．

WANG J，SHU Y F，2007．A possibilistic decision model for new product supply chain design [J]．European Journal of Operational Research，177（2）：1044－1061．

WANG Y，MA H S，YANG J H，et al，2017．Industry 4.0：a way from mass customization to mass personalization production [J]．Advances in Manufacturing，5（4）：311－320．

WATTERS LAWRENCE J，1967．Letter to the editor-reduction of integer polynomial programming problems to zero-one linear programming problems [J]．Operations Research，15（6）：1171－1174．

WHITNEY D E，1993．Nippondenso Co. Ltd：a case study of strategic product design [J]．Research in Engineering Design，5（1）：1－20．

WYMORE A W, BAHILL A T, 2000. When can we safely reuse systems, upgrade systems, or use COTS components? [J]. Systems Engineering, 3 (2): 82 - 95.

XIA F, YANG L T, WANG L, et al, 2012. Internet of things [J]. International Journal of Communication Systems, 25 (9): 1101 - 1102.

XIAO T, XIA Y, ZHANG G P, 2014. Strategic outsourcing decisions for manufacturers competing on product quality [J]. IIE Transactions, 46 (4): 313 - 329.

YANG C, LAN S, SHEN W, et al, 2017. Towards product customization and personalization in IoT-enabled cloud manufacturing [J]. Cluster Computing, 20 (2): 1717 - 1730.

YANG D, DONG M, 2012. A constraint satisfaction approach to resolving product configuration conflicts [J]. Advanced Engineering Informatics, 26 (3): 592 - 602.

YANG D, DONG M, CHANG X K, 2012. A dynamic constraint satisfaction approach for configuring structural products under mass customization [J]. Engineering Applications of Artificial Intelligence, 25 (8): 1723 - 1737.

YANG D, JIAO R, et al, 2015. Joint optimization for coordinated configuration of product families and supply chains by a leader-follower Stackelberg game [J]. European Journal of Operational Research, 246 (1): 263 - 280.

YANG D, LI X, JIAO R J, et al, 2018. Decision support to product configuration considering component replenishment uncertainty: a stochastic programming approach [J]. Decision Support Systems, 105 (1): 108 - 118.

ZHANG L, LEE C, AKHTAR P, 2020. Towards customization: evaluation of integrated sales, product, and production configuration [J]. International Journal of Production Economics (229): 107775.

ZHANG M, LETTICE F, ZHAO X, 2015. The impact of social capital on mass customisation and product innovation capabilities [J]. International Journal of Production Research, 53 (18): 1 - 14.

ZHANG X, HUANG G Q, PAUL K, et al, 2010. Simultaneous configuration of platform products and manufacturing supply chains: comparative investigation into impacts of different supply chain coordination schemes [J]. Production Planning & Control, 21 (6): 609 - 627.

ZHANG Y, ZHANG G, WANG J, et al, 2015. Real-time information capturing and integration framework of the internet of manufacturing things [J]. International Journal of Computer Integrated Manufacturing, 28 (8): 811 - 822.

ZHENG P, XU X, YU S, et al, 2017. Personalized product configuration framework in an adaptable open architecture product platform [J]. Journal of Manufacturing Systems, 43 (3): 422 - 435.

ZHONG R Y, XU X, KLOTZ E, et al, 2017. Intelligent manufacturing in the context of Industry 4.0: a review [J]. Engineering, 3 (5): 616 - 630.